잠 못들 정도로 재미있는 이야기

미생물

야마가타 요헤이 지음 | 김헌수 감역 | 황명희 옮김

BM (주)도서출판 성안당

옛부터 미생물은 인류와 깊은 인연을 맺어 왔습니다. 선사 시대부터 지금까지 발효와 양조기법을 이용하여 인간의 삶을 풍요롭게 만들었지요.

그 반면 각종 바이러스를 비롯하여 어떤 미생물들은 인류를 끊임없이 위협해 왔습니다. 더군다나 그런 미생물들은 눈에 보이지도 않았으니 옛날 사람들에게는 상당히 위협적이었을 겁니다. 그 결과, 양조·발효는 신의 은총이고 질병은 신의 분노, 귀신이나 마귀의 짓이라고 생각했습니다. 눈에 보이지 않는 신이니 마귀니 하는 것들의 정체가 사실 이런 조그만한 미생물이었다는 사실을 옛날 사람이 알았다면 뭐라고 했을까요?

그 미생물의 정체가 밝혀진지도 160년 정도 지났습니다. 하지만 미생물은 여전히 새로운 사실이 잇따라 발견되는 흥미로운 분야입니다.

대학에서 미생물 강의와 연구를 하다 보면 일반인이나 중고생에게 미생물에 대한 이야기를 할 기회가 있습니다. 그들 중에는 "미생물의 세계는 재밌군요"라는 소감을 전해주신 분이 계십니다. 저도 미생물에 관한 최신 연구 성과를 읽거나 듣다 보면 역시 대단하다는 생각이 듭니다.

최근에 발견된 사례에서도 미생물은 지구와 생명의 역사에 깊이 관여하고 있다는 사실이 밝혀졌습니다. 그리고 저는 이런 미생물에 대한 지식을 조금이라도 더 많이 전달하고 싶다는 생각으로 책의 집필을 맡았습니다.

미생물은 우리 주변 가까이에 서식하면서 인간이 모르고 있을 때에도 우리를 위해 일을 하고 또 해를 끼치고 있다는 사실을 알아주길 바랍니다. 특히 많은 학생들이 이 책을 통해 미생물에 대한 관심을 갖게 된다면 더할 나위가 없겠습니다.

이 책은 '미생물학' 식당의 요리 메뉴를 설명하듯이 미생물학의 역사부터 발효와 양조, 질병과 환경까지 다양한 내용을 알기 쉽게 썼습니다. 만약 한 가지라도 관심이 생겨 더 자세하게 알고 싶다면 일반 과학 서적이나 전문 서적을 꼭 참고하기 바랍니다.

마지막으로, 이 책의 집필을 권유해 준 일본문예사 서적편집부 반 마사시 씨에게 깊이 감사드립니다. 마감 시간까지 늘 조마조마했을 에디테 100의 요네다 쇼키 씨께도 편집 작업을 맡아준 것에 깊이 감사하고 있습니다. 삽화와 디자인을 담당하신 무로이 아키히로 씨에게도 진심으로 감사드립니다.

2020년 7월
야마가타 요헤이

4

6

제 4장

질병을 일으키는 미생물과
질병을 치료하는 미생물이란? 87

J. Staley, et al, "The microbial world", The American Academy of Microbiology(1996) ● 오오시마 타이지 외 편 〈IFO 미생물학 개론〉, 바이후칸(2010) ● 요코다 아츠 외 편 〈응용 미생물〉제3판, 분에이도출판(2016) ● R. Y.Stanier 외 저. 다카하시 완보 외 역 〈미생물〉 상·하, 바이후칸(1989) ● 노지로 키쿠오 외 편 〈개정 양조학〉, 코단샤 사이언티픽(1993) ● (재)바이오인더스트리협회 발효와 신진대사연구회 편 〈발효 핸드북〉, 교리츠출판(2001) ● 노지로 키쿠오 외 편 〈양조 사전〉, 아사쿠라서점(1988) ● 요시자와 슈 외 편 〈양조·발효식품 사전〉, 아사쿠라서점(2009) ● 벳푸 아키라 〈보이지 않는 거인 미생물〉, 베레출판(2015) ● 이치시마 에이지 〈누룩〉, 호세이대학출판부 제2쇄(2012) ● Paul S. Kindstedt 저, 와다 사키코 역 〈치즈와 문명〉, 츠키지쇼칸(2013) ● 스기야마 마사노리 〈현대 유산균 화학〉, 교리츠출판(2015) ● Robert G. Webster 저, 타시로 마사토·가와오카 요시히로 역 〈인플루엔자 헌터〉, 이와나미서점(2019) ● 미야지 마코토 〈곰팡이 박사 분투기〉, 코단샤(2001) ● 가마가타 요이치 〈난배양 미생물이란 무엇인가?〉, 환경생명공학학회지, 제7권, 제2호, p.69-73(2007) ● 스즈키 아키노리 〈효모의 증식〉, 일본양조협회잡지, 제69권, 제1호, p.21-24(1974) ● 야마구치 마사시 〈원핵생물과 진핵생물의 중간 세포 구조를 가진 생물의 발견〉, 현미경(일본현미경학회지), 제48권, 제2호, p.124-127(2013) ● 기무라 마히토 〈토양 중 미생물과 역할〉, 농업토목학회지, 제59권, 제4호, p.415-420(1991) ● 나가타니 마사하루 〈미생물의 반응 속도〉, 일본양조협회잡지, 제68권, 제11호, p.829-834(1973) ● 모리 코지·나카가와 야스요시 〈미생물 이름이란 어떻게 정해지는가?〉, 생물공학학회지, 제89권, p.336-339(2011) ● DOC(Deep Carbon Observatory collaborators) report "Life in Deep Earth Totals 15 to 23 Billion Tonnes of Carbon-Hundreds of Times More than Humans", Dec 10, 2018(https://deepcarbon.net/life-deep-earth-totals-15-23-billion-tonnes-carbon) (2018) ● C. A. Suttle, Viruses in the sea, Nature, 437, 356-361(2005) ● 타카시마 코스케 외 〈실내환경 미생물로서의 곰팡이〉, 실내환경(실내환경학회지), 제10권 제1호, p.3-10(2007) ● 도노키에 료조 〈공기 중의 미생물에 대해〉, 일본양조협회잡지, 제60권, 제2호, p.101-105(1965) ● 후지나미 슌 외 〈호알칼리성 세균의 알칼리 적응 메커니즘〉, 생물공학학회지, 제90권, 제11권, p.692-695(2012) ● 쿠보타 마사오 외 〈머리 냄새에 관한 연구〉, 일본화장품기술자학회지, 제28권, 제3호, p.295-298(1994) ● E. A. Grice, et al. Topographical and Temporal Diversity of the Human Skin Microbiome. Science, 324(5931), 1190-1192(2009) ● E. A. Grice, et al. A diversity profile of the human skin microbiota. Genome Res, 18, 1043-1050(2008) ● 아사이 타다오·바바 코타로 〈이비인후과 입원 치료로 인한 구강 세균총의 변화〉, 구강·인두과(일본구강·인두 학회지), 제6권, 제2호, p.191-197(1994) ● 하나다 노부히로 〈구강의 세균성 바이오 필름의 제어〉, 일본노년치아학회지, 제16권, 제3호(2002) ● 기타가와 요시마사 외 〈폐렴 예방과 구강 케어〉, 일본호흡치료 및 재활학회잡지, 제17권, 제2호, p.133-138(2007) ● 다카하시 유키히로 외 〈구강 상재균과 전신 질환〉, Neuroinfection(일본신경감염학회지), 제25권, 제1호, p.30-34(2020) ● 이토 야스마사 〈구강 위생과 구강 내 세균〉, 이비인후과 전망(이비인후과전망학회지), 제45권, 제3호, p.226-234(2002) ● 고바야시 히사시 〈구강 및 전신의 관계〉, 일본조리학회지, 제50권, 제5호, p.213-215(2017) ● 사사오카 쿠리노리 외 〈각종 구강 관리 효과에 관한 검토〉, The KITAKANTO Med J(키타칸토학회지), 제58권, p.147-151(2008) ● 사카모토 미쓰오 〈분자 생물학적 방법에 의한 치주 병원성 세균의 검출·정량계의 확립과 구강 내 세균총의 다양성 분석에 관한 연구〉, 일본세균학잡지(일본세균학회지), 제59권, 제2호, p.387-383(2004) ● 난부 타카유키 〈구강 세균 패턴을 '건강형'으로 바꾸는 시도〉, 일본치과보존과학잡지, 제63권, 제2호, p.127-130(2020) ● 쇼코지 미키오 외 〈구강 세균 연구의 새로운 전개〉, 일본세균학잡지(일본세균학회지), 제70권, 제2호, p.333-338(2015) ● 도미타 슈다 〈마이크로 바이옴과 여드름〉, 일본향장품학회지, 제40권, 제2호, p.97-102(2016) ● 아마노 히로토시 외 〈정상인의 심상성 좌창에 관여하는 Cutibacterium acnes의 검출 상황 및 역학 조사〉 의학검사(일본임상위생검사기술스승학회지), 제68권 제2호, p.399-346(2019) ● 오쿠다이라 마사히코·구메 히카루 〈칸디다증〉, 염증(일본염증·재생의학학회지), 제1권, 제3호, p.A1-A3(1981) ● 히라타니 타미오 외 〈변이주 를 사용한 Candida albicans 이형성 발현 메커니즘에 접근〉, 일본의사곰팡이학회지, 제30권, p.112-129(1989) ● 와타나베 토시히코 〈Candida albicans의 숙주 생체 내 증식기구의 해석과 새로운 항균 물질의 개발〉, YAKUGAKU ZASSHI, 제123권, 제7호, p.561-567(2003) ● 니이미 마사카즈·토쿠나가 미치코 〈Candida albicans의 생물학과 질병원성〉, 가고시마대학치학부기요, 제8권, p.13-27(1988) ● S. Kurakado, et al. 17β-Estradiol inhibits estrogen binding protein-mediated hypha formation in Candida albicans. Microb Pathog, 109, 151-155(2017) ● S. Kurakado et al. Minocycline inhibits Candida albicans budded-to-hyphal-form transition and biofilm formation., Jpn J Infect Dis, 70, 490-494(2017) ● A. Tangerman, Measurement and biological significance of the volatile sulfur compounds hydrogen sulfide, methanethiol and dimethyl sulfide in various ● biological matrices. J Chromatogr B 877, 3366-3377(2009) ● F. L. Suarez et al. Identification of gases responsible for the odour of human flatus and evaluation of a device purported to reduce this odour. Gut, 43, 100-104(1998) ● "Farts : An Under-appreciated Threat to Astronauts "Discover Magazine on line, August 23, 2018 8:00PM(https://www.discovermagazine.com/the-sciences/farts-an-underappreciated-threat-to-astronauts) ● 아이치현 약사회 "대변으로 알아보는 몸 상태" (https://www.apha.jp/medicine_room/entry-3543.html)● 후지모토 아키히토 외 〈전통 누룩의 맛과 미생물의 관계에 대해〉, 생물공학학회지, 제90권, 제6호, p.329-334(2012) ● M.A. Amerine and G. Thoukis, The glucose fructose ratio of California grapes. Vitis 1, 224-229(1958) ● H. Hūlya Orak, Determination of Glucose and Fructose Contents of Some Important Red Grape Varieties by HPLC. Asian J Chem, 21 (4), 3068-3072(2009) ● Mehdi Trad et al. The Glucose-Fructose ratio of wild Tunisian grapes. Cogent Food Agricul, 3, 1374156(2017) ● 타니 아츠시 〈맥주 만들기의 연구란?〉, 생물공학회지, 제90권 제5호, p.242-245(2012) ● 일본양조협회잡지편집부 〈일본 민족과 양조 식품〉, 일본양조협회잡지, 제68권, 제1호, p.10-16(1973) ● 후생노동성 〈구미 제국의 레닛에 관한 조사 보고서〉(https://www.mhlw.go.jp/stf/shingi/2r9852000001y0vz-att/2r9852000001y202.pdf) ● 이와사키 신이치로 〈미생물 레넷〉, 고분자(고분자학회지), 제16권, 제188호, p.1213-1219(1967) ● 미야모토 타쿠 〈세계 발효유와 그 미생물 플로라〉, 우유 과학(일본낙농학회지), 제55권, 제4호(2007) ● Michaela Michaylova et al. Isolation and characterization of Lactobacillus delbrueckii ssp. bulgaricus and Streptococcus thermophilus from plants in Bulgaria, FEMS Microbiol Lett, 269, 160-169(2007) ● 도노 하루유키·야마노리 유키 〈일본 고대의 유제품 낙(酪)〉, 나라대학 게시판, 제10호, p.30-38(1981) ● 사토 켄타로 〈고대 일본의 우유·유제품의 이용과 공진 체제에 대해〉, 간사이대학 동서학술연구소 논문집, 제45권, p.47-65(2012) ● 미야시타 아키라 〈가쓰오부시에 대해〉, 생활동종합연구학회지, 제3권 제2호, p.30-33(1992) ● 나카자와 료지 외 〈가쓰오부시의 곰팡이에 관한 연구(제1보)〉, 일본농예화학회지, 제10권, p.1137-1188(1934) ● 나카자와 료지 외 〈가쓰오부시의 곰팡이에 관한 연구(제2보)〉, 일본농예화학회지, 제11권, p.839-844(1935) ● 고노 카즈유 외 〈에도의 요리책에서 보는 가다랑어 먹는 방법에 관한 조사 연구〉, 일본조리과학회지, 제38권, 제6호, p.462-472(2005) ● 고리다 노보루 〈제5절 후시류〉, 가고시마현 수산기술의 역사, 가고시마현수산기술개발센터(http://kagoshima.suigi.jp/ayumi/) ● 공개특허공보, 소(昭)56-102755 ● 공개특허공보, 소62-91140 ● M. Kunimoto et al. Lipase and phospholipase production by Aspergillus repens utilized in Molding of "Katsuobushi" processing, Fisheries Sci, 62(4), 594-599(1996) ● Y. Kaminishi et al. Purification and characterization of lipase from Aspergillus repens and Eurotium herbariorum NU-2 used in "Katsuobushi" molding. Fisheries Sci, 65(2), 274-278(1999) ● Y. Miyake, et al. Antioxidants produced by Eurotium herbariorum of filamentous fungi used for the manufacture of Karebushi, dried bonito (Katsuobushi) Biosci Biotecnol Biochem, 73(6), 1323-1327(2009) ● 나카지마 히데오 외 〈생햄 제조 공정 중의 미세생물 식물의 변화〉, 식품위생잡지(일본식품위생학회지), 제30권, 제1권, p.27-31(1989) ● 나가노 히로코 〈지혜의 크리스탈 : 미생물이 자아내는 우리의 식생활〉, 일본요리과학회잡지, 제51권 제3호, p.135-141(2018) ● N. Talha et al. "H1N1 Influenza(Swine Flu)", NCBI Bookshelf(2019) (https://www.ncbi.nlm.nih.gov/books/NBK513241/) ● A. D. Iuliano et al. Estimates of global seasonal influenza-associated respiratory mortality : a modelling study. Lancet, 391(10127), 1285-1300(2018) ● 카토 시게타카 〈흑사병 - 중세 유럽을 뒤흔든 대재앙〉, 현대미디어, 제56권, 제2호, p.12-24(2010) ● WHO "Plague" WHO Fact-sheet, Oct 31, 2017(https://www.who.int/news-room/fact-sheets/detail/plague) (2017) ● 다나카 세이지 외 〈풍토병 말라리아는 어떻게 박멸되었는가〉, 일본의사사학잡지(일본의사학회지), 제55권, 제1호, p.15-30(2009) ● 기타 키요시 〈말라리아 제압의 꿈과 현실〉, Pharmacia(일본약학회지), 제36권, 제8호, p.932-937(1996) ● 우에무라 키요시 [모기 매개성 감염증은 왜 일본에서 줄어들었나?〉, Pest Control Tokyo(도쿄도페스트컨트롤협회지), 제71권, p.26-35(2016) ● WHO "World Malaria report 2018" (https://www.who.int/malaria/publications/world-malaria-report-2018/en/) (2018) ● 지구 온난화가 감염증에 관여하는 영향에 관한 간담회 〈지구 온난화와 감염〉, 환경성(https://www.env.go.jp/earth/ondanka/pamph_infection/full.pdf) ● M. Kimura et al. Epidemiological and Clinical Aspects of Malaria in Japan. J Travel Med, 10, 122-127(2003) ● 후생노동성 〈헤세이30년 결핵 등록자 정보 조사연보 집계 결과에 대해〉(https://www.mhlw.go.jp/stf/seisakunitsuite/bunya/0000175095_00002.html) (2019) ● WHO "Global Tuberculosis Report2019 "(https://www.who.int/tb/publications/global_report/en/) (2019) ● M. W. Peck, Clostridium botulinum and the safety of minimally heated, chilled foods : an emerging issue? J. Appl. Microbiol, 101, 556-570(2006) ● L. M. Brown, Helicobacter pylori : Epidemiology and routes of transmission. Epidemiol Rev, 22(2), 283-297(2000) ● 모리우치 히로유키 〈모자 감염〉, 소아감염면역(일본소아감염학회지), 제24권, 제2권, p.199-206(2012) ● 가와바타 마사키요 외 〈감염증 2(2) 모자 감염(바이러스1)〉, 일본산부인과학회잡지, 제56권, 제9호, N535-N540(2004) ● 모리우치 마사코·모리우치 히로유키 〈모자 감염 바이러스 : 공생인가 교정인가〉, 현대미디어, 제56권, 제7호, p.153-158(2010) ● 모리우치 마사코·모리우치 히로유키 〈모유 감염 ~ 유아에 미치는 이익과 위험〉, 현대미디어, 제62권, 제4호, p.123-129(2016) ● 와타나베 쿄코 〈Microsporum gypseum 감염증 2사례와 치카사키시의 토양에서의 동균의 분리〉, 일본의사곰팡이학회잡지, 제55권, p.79-83(2014) ● 오하시 쿠미코 외 〈Pasteurella multocida의 분리 상황과 환자 배경-최근 9년간의 성적-〉, 일본임상미생물학잡지, 제26권, 제2호, p.34-40(2016) ● 후생노동성 건강국 결핵감염증과 〈동물 유래 감염증 핸드북 2014〉(2014) ● 다카하시 요코 외 〈치바현에서 발견된 Trichophyton tonsurans에 따른 back dot ringworm의 1사례〉, 일본의사진균학회지, 제46권, p.273-278(2005) ● 나카무라(우치야마) 후쿠미 〈국내 톡소카라증의 실태〉, 현대미디어, 제61권, 제12호(2015) ● WHO Rabies WHO fact sheet 21, April 2020(https://www.who.int/news-room/fact-sheets/detail/rabies) (2020) ● 후생노동성 건강국 결핵감염증과 〈항균 적정 사용 지침서 제1판〉(2017) ● 노나카 켄이치 〈낙도 대국 '일본'의 미생물 신약 개발 현황과 가능성 일본은 미생물의 보고〉, 화학과 생물, 제57권, 제2호, p.108-114(2019) ● 이마나카 타카유키 〈CO2에서 석유를 만드는 세균〉, Microb Environ. 제13권, 제3호, p.171-175(1998) ● 핫토리 타츠오 〈에너지 생산에서 미생물을 이용한 수소 제조〉, 수소에너지시스템, 제21권, 제1호, p.3-9(1996) ● 마쓰모토 코시 〈미세 조류에 의한 그린 오일 생산 기술의 실용화를 향해〉, 화학과 생물, 제54권, 제3호(2016) ● 구라노 노리히데 외 〈미세 조류에 의한 바이오 연료 생산〉, 덴소테크니컬리뷰, 제14권, 59-64(2009) ● A. R. Rowe, et al. Tracking electron uptake from a cathode into Shewahella cells : Implications for energy aquisitio from solid-substrate electron donors. mBio 9(1), e02203-17(2018)

1장

미생물은
무엇일까?

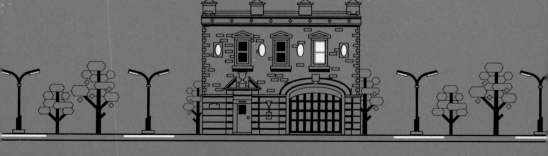

01 눈에 보이지 않아서 미생물인 걸까?

미생물은 현미경으로밖에 보이지 않는 생물이다

미생물은 말 그대로 굉장히 작은 생물을 말한다. 하지만 그렇다고 학술적으로 '이런 저런 생물을 미생물로 분류한다'라고 정해놓지는 않았다. 일반적으로는 현미경으로 확대하여 보지 않는다면 잘 보이지 않을 만큼 작은 생물을 일반적으로 지칭한다. 그 가운데는 세균, 효모, 곰팡이나 버섯과 같은 균류의 일부와 원생동물 등이 포함되어 있다. 경우에 따라서는 코로나 바이러스와 같은 바이러스균도 미생물에 포함될 수 있다.

세균의 크기는 대략 1마이크로미터(㎛) 정도이다. 크기가 실감이 나지 않는다면 1㎜의 1,000분의 1이 1㎛이라고 생각하면 된다. 즉, 세균이 일렬로 1,000개 모여야 1㎜가 된다. 종류로는 둥근 모양을 하고 있는 구균이나 캡슐 모양의 간균이 대표적이지만, 그 외에 나사 모양이나 프로펠러 모양의 세균도 있다. 그리고 우리 몸에 좋은 세균으로는 유산균과 낫토균이 잘 알려져 있다.

그중에서 효모는 빵이나 알코올 발효에 쓰이는 것으로 유명하며, 이외에도 많은 종류의 효모가 자연계에 존재하고 있다. 다만 학술적으로는 효모라는 말을 잘 사용하지 않고 단세포 균류라고 한다. 그 크기는 5~10㎛ 정도이므로 세균보다 훨씬 거대하지만 100개 이상 늘어서지 않으면 1㎜가 되지 않는다. 구형이나 타원형을 이루고 있는 것을 흔히 볼 수 있다.

아포(포자)의 구조

아포피질   아포세포막
   중심부
      아포세포벽

아포각내층   아포각외층

※ 고초균을 참조

곰팡이나 버섯과 같은 균류는 보통은 균사라는 길쭉한 세포를 식물처럼 뻗어 성장한다. 길어지면 현미경 없이도 볼 수 있지만, 그 두께는 수 ㎛

곰팡이

곰팡이는 약 3만 종류나 된다고 한다. 이 곰팡이는 아스페르길루스 푸미가투스(Aspergillus fumigatus)라고 해서 아스페르길루스 속에 속하는 곰팡이다. 기회감염을 일으키는 아스페르길 루스증의 원인균이다.

대장균

대장균은 이런 모양을 하고 있는 간균이다. 길쭉한 막대와 원통형 모양을 한 간균으로, 세균 중에서는 주요 종 중의 하나이다.

버섯

이 버섯은 고급 식재료인 트뤼플이다. 버섯은 균류 중에서는 비교적 대형의 자실체를 만든다. 우리가 보통 버섯이라고 먹는 부분이 바로 자실체이다.

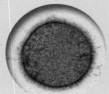

고초균(바실러스균)

낫토는 이렇게 생긴 균이 볏짚에 붙어 있다. 낫토균은 고초균의 하나로 볏짚 하나에 1,000만 개나 되는 낫토균 포자(아포)가 붙어 있다. 포자는 장기간 생존이 가능한 구조로 되어 있다.

효모

효모는 영양체가 단세포성인 진균류를 총칭하는데, 우리에게는 빵과 맥주를 만들 때 익숙한 출아효모라고 이해하면 쉽다. 효모균 또는 이스트균이라고도 불린다.

유산균

유산균은 이런 모양을 하고 있다. 유산균이란 대사에 의해 젖산을 생산하는 세균류를 말한다. 요구르트나 유산균 음료, 그리고 식품의 발효에도 사용된다.

11

에서 수백 µm로 다양하다.

　곰팡이의 경우는 녹색, 검은색, 빨간색 등 색깔이 있는 무성 포자 덩어리를 만드는 것이 많기 때문에 눈에 띄는데, 흔히 빵이나 떡, 욕실 등에서도 볼 수 있다.

　버섯은 자실체(子實體)라는 이른바 버섯을 만들기 때문에 우리의 눈에 띄지만, 보통은 실 같은 미생물의 형태로 살고 있다.

　미균(黴菌)이라는 말이 있는데, 미(黴)는 곰팡이, 균(菌)은 버섯을 뜻한다. 옛날 사람들은 곰팡이나 버섯이 눈에 보이기 때문에 이렇게 불렀다.

02 미생물은 어떤 생물일까?

지구상에 처음 나타난 생명은 미생물이다

바이러스를 구분 지으면 미생물은 크게 두 가지로 나눌 수 있다. 하나는 원핵 미생물, 다른 하나는 진핵 미생물이다. 진핵 미생물은 이름 그대로 세포 속에 핵을 가진 생물을 말한다. 인간이나 동물, 식물 등도 진핵생물이다.

핵은 유전자가 많이 늘어서 있는 염색체를 구형 막 속에 가둔 것이다. 진핵생물은 이 핵 외에도 소포체, 미토콘드리아, 골지체 등 다양한 역할을 하는 세포 내 소기관이 있다. 광합성을 하는 엽록체도 세포 내 소기관이다. 진핵생물 중 눈에 보이지 않을 정도로 작은 것이 진핵 미생물이다.

한편 원핵생물은 모두 미생물이므로 원핵 미생물이라는 표현은 다소 이상하기도 하다. 원핵생물은 세포 내에 진핵생물이 갖는 세포 내 소기관이 없지만 염색체가 있다. 핵은 없기 때문에 염색체가 막에 의해 덩어리로 둘러싸인 핵양체가 세포 내에 있다.

원핵생물에는 이른바 세균과 고세균 두 개의 그룹이 있다.

고세균의 대부분은 우리 인간의 입장에서 보면 매우 극한 환경에서 발견되고 있다. 예를 들어 고온의 온천, 열수 광상, 심해, 솔트 레이크 등에서 발견된 호열성균, 메탄 생성균, 호염성균이다. 이전에는 이런 특별한 미생물은 생명 진화의 첫 번째 위치에 해당하는 것으로 추정되었지만, 최근에는 고세균과 세균, 진핵생물은 공통의 조상에서 갈라져 각각 진화했다고 보고 있다. 일각에서는 고세균에서 진핵생물이 갈라졌다는 의견도 있어 앞으로의 연구를 통해 밝혀야 할 숙제이다.

그런데 효모, 곰팡이, 버섯, 원생동물 등도 진핵생물에 포함된다. 효모는 출아로 증식하는 것과 세균과 마찬가지로 세포 분열로 증식하는 것이 있으며, 이를 출아효모와 분열효모라고 한다. 빵 효모는 출아효모의 일종이다. 곰팡이와 버섯은 보통은 균사를 늘려서 실 모양으로 증식하기 때문에 사상균(絲狀菌)이라고도 한다.

진핵 미생물의 대부분은 자신의 몸 밖에 있는 유기물을 흡수해서 살아가며, 숲에 쓰러진 나무와 낙엽, 동물과 곤충의 사체 등을 분해해 준다. 식물에 기생해 살아가거나 식물의 질병을 일으킬 수도 있다.

이에 대해 원핵생물은 외부에서 유기물을 흡수해서 살아가는데, 유기물이 없으면 이산화탄소와 공기 중의 질소를 이용하여 필요한 영양을 자신의 몸속에서 생성해서 살아가는 것도 있다. 지구상의 질소, 유황 등의 원소가 우리가 이용할 수 있는 아미노산으로 변환되는 것은 모두 이러한 미생물 덕분이다.

미생물은 어떤 생물일까?

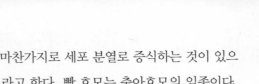

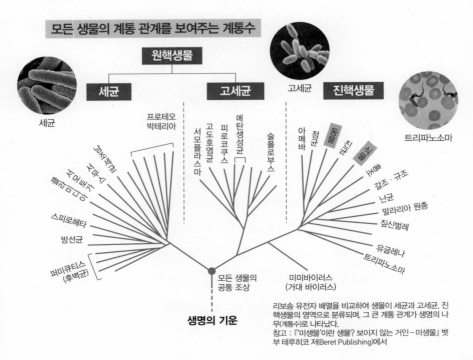

모든 생물의 계통 관계를 보여주는 계통수

원핵생물

세균 　　　　　고세균 　　　고세균 　　진핵생물

세균

프로테오 박테리아

고세균류
녹색균
자색황세균
남세균(시아노박테리아)

스피로헤타

방선균

퍼미큐티스 (후벽균)

서모플라스마
고도호염균
피로코쿠스
메탄생성균

술폴로부스

아메바
점균
동물
점균 세균
식물 균류

갈조·규조
난균
말라리아 원충
짚신벌레

유글레나
트리파노소마

트리파노소마

미미바이러스 (거대 바이러스)

모든 생물의 공통 조상

생명의 기운

리보솜 유전자 배열을 비교하여 생물이 세균과 고세균, 진핵생물의 영역으로 분류되며, 그 큰 계통 관계가 생명의 나무(계통수)로 나타났다.
참고 : 『미생물? 이란 생물? 보이지 않는 거인 – 미생물』 벳부 테루히코 저(Beret Publishing)에서

03 효모와 곰팡이, 버섯은 미생물일까?

효모, 곰팡이, 버섯 모두 인간과 같은 진핵생물이다

앞에서도 언급했듯이 효모와 곰팡이, 버섯 등은 미생물로 우리 인간과 같은 진핵생물이다.

빵이나 술(알코올) 등을 만드는 주역이 바로 효모이다. 이외에도 쌀겨절임과 된장, 간장, 요구르트 일부에도 함유되어 있다.

일반적으로 효모는 단세포에서 증식하는 진핵생물로 분류되어 있다. 세포의 일부에서 싹이 나오도록 부풀어 새로운 효모 세포가 생기는 형식을 출아효모라고 하고, 빵 효모(*Saccharomyces cerevisiae*)와 맥주 효모 (*Saccharomyces erevisiae, Saccharomyces pastrianus*) 등이 잘 알려져 있다. 출아 형식이 아닌 세포분열로 증식하는 형식도 있는데, 이를 분열효모라고 한다.

한편, 곰팡이와 버섯은 다세포 생물이다. 모두 세포의 끝을 늘려 성장한다. 세포가 증가하는 방법은 출아나 분열 방식이 아니라 세포의 끝이 점점 성장해서 어느 정도의 길이까지 성장하면 성장 세포의 중간에 세포벽이 생겨서 두 개의 세포가 된다. 이처럼 성장하는 곰팡이나 버섯의 몸(균체)을 균사라고 한다. 앞에서 언급한 바와 같이 사상균이라고도 부른다.

하나의 균사는 원래 하나의 세포가 늘어난 것이기 때문에 성장 방향으로는 많은 세포가 줄지어 있지만, 두께는 하나의 세포 그대로이다. 대부분 투명하여 빛에 반사되어도 하얗게 보이는 정도이므로 육안으로는 잘 보이지 않는다.

효모, 곰팡이, 버섯도 유성 세대와 무성 세대라는 두 개의 생활환(라이프사이클)을 갖고 있다. 보통 상태에서는 각각의 세포에서 분열과 발아 등으로 세포를 늘려가기 때문에 오래된 세포와 새로운 세포는 똑같은 세포(복제)이다.

출아효모

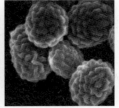

분열효모가 포자를 형성
사진 : 오사카시립대학 대학원 이학 연구과
이학부 생물학과 세포기능학 연구실

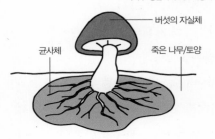

버섯의 자실체

균사체

죽은 나무/토양

곰팡이와 버섯도 진핵생물로 다세포
생물이다. 포자를 날려 증식한다고
하는데, 곰팡이의 포자는 대체로 무성
포자이며, 버섯에서 포자를 만드는
곳이 자실체로 우산 모양에 해당한다.
우리는 이 부분을 먹는다.

그러나 영양이 없는 등 환경에 변화가 생기면 수컷과 암컷의 역할을 하는 두 종류의 세포가 세포 융합(접합)하여 유성 세대에 돌입한다. 출아효모는 이 상태에서도 성장할 수 있지만 대다수의 진핵 미생물은 바로 무성 세대로 돌아간다.

유성 세대에서 무성 세대로 돌아갈 때 수컷 역할을 하는 개체와 암컷 역할을 하는 개체가 갖는 염색체의 재조합이 일어난다. 새로이 무성 세대를 형성하는 세포는 원래 부모 세포와는 다른, 부모의 유전자가 섞인 한 세트의 유전자군을 갖게 된다.

곰팡이와 버섯은 포자로 증식한다. 곰팡이는 유성 세대에서 생기는 유성 포자와 무성 세대에서 생기는 무성 포자 두 종류가 있다. 우리가 곰팡이를 발견했다면(그렇게 생각했다면), 그것은 대부분 색이 있는 무성 포자를 보고 있는 것이다.

한편, 대다수의 버섯은 포자 → 무성 세대 → 유성 세대 → 포자가 된다. 우리가 버섯이라고 생각하는 것은 이 포자를 만들기 위한 기관(자실체)이다.

04 세균과 바이러스는 미생물의 일종일까?

바이러스는 생물이라고는 할 수 없지만, 생물의 특징을 갖고 있다

　　　　세균은 물론 미생물이다. 지금까지 설명한 것처럼 미생물 중에서 중요한 위치를 차지하고 있다고 해도 과언이 아니다.

　한편, 전 세계를 뒤흔든 코로나바이러스와 같은 바이러스도 인간의 질병을 일으키는 원인 중 하나로 세균과 더불어 잘 알려져 있다.

　이번에는 바이러스에 대해 이야기하려고 하는데, 대체 바이러스란 무엇일까?

　개체로서의 바이러스에는 일반 생물과는 달리 세포가 없다. 또 자기 복제도 할 수 없다. 따라서 생물이라고는 할 수 없지만, 생물이 가지는 핵산(DNA 또는 RNA 중 하나)과 단백질을 포함하고 있기 때문에 생물로서의 특징도 갖고 있다. 그 크기는 세균보다 훨씬 작아 세균이 1 ㎛ 정도인데 비해 수십~수백 나노미터(㎚)이다. ㎚는 1 ㎜의 백만분의 1이다. 크기가 너무 작아서 일반 현미경으로는 보이지 않는다.

　바이러스에도 유전자가 있다. 유전자 정보는 DNA 또는 RNA 중 하나에 기록되어 있으며, 어느 쪽을 사용하는지에 따라 DNA 바이러스와 RNA 바이러스로 나눌 수 있다.

　또한 이 핵산을 감싸는 용기를 캡시드라고 하며 단백질로 되어 있다. 바이러스가 가지고 있는 유전자의 대부분은 캡시드를 만드는 단백질을 코드하고 있다. 일부 바이러스는 바깥쪽에 엔벨로프라는 막 모양의 구조를 하고 있다. 코로나바이러스는 RNA 바이러스로 엔벨로프의 구조를 가진 바이러스이다. 비누로 손을 씻는 것이 효과적인 이유는 엔벨로프가 비누의 힘에 의해 파괴되어 바이러스가 감염력을 잃어버리기 때문이다.

바이러스에 감염될 때는 바이러스 표면에 있는 특별한 단백질이 우리의 세포 표면에 있는 리셉터(수용체)라는 단백질과 결합한다. 수용체와 바이러스가 갖고 있는 단백질의 형태가 맞지 않으면 감염되지 않는다. 동물의 종류가 다르면 바이러스에 감염되지 않는 것은 이 때문인데, 이윽고 세포에 침투한다.

다음으로 세포 속으로 들어간 바이러스 캡시드가 분해되어 안에서 유전자가 나온다. 감염된 세포가 갖는 핵산의 복제 능력을 이용하여 바이러스의 핵산이 대량으로 증폭된다. 늘어난 바이러스 유전자로부터는 캡시드 등을 구성하는 단백질이 대량으로 생산된다.

인간의 세포는 핵산을 증가시키는 경우, DNA를 주형으로 해서 DNA가 만들어지는 복제와 DNA를 주형으로 하는 전령 RNA(mRNA) 합성 등의 전사밖에 할 수 없다. 그렇지만 RNA 바이러스는 RNA로부터 DNA를 만드는

세균과 바이러스는 미생물의 일종일까?

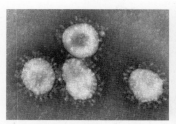

코로나 바이러스과
전염성 기관지염 바이러스

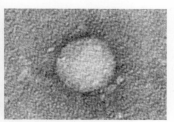

플라비 바이러스과
C형 간염 바이러스

코로나 바이러스과, 플라비 바이러스과는 엔벨로프를 가진 단일 가닥(+)사슬 RNA(리보핵산) 바이러스로, 포유류와 조류에 감염을 일으킨다. 사스(SARS), 메르스(MERS), C형 간염, 웨스트나일 바이러스, 뎅기 바이러스 등의 병원체이다.

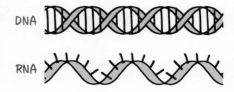

DNA와 RNA

DNA

RNA

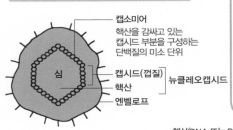

역전사를 행하지 않고는 우리 세포 속에서 핵산을 늘릴 수 없다. 그래서 역전사 효소라는 특수 효소의 유전자를 가지는 것이다.

개별적으로 합성된 핵산과 단백질은 세포 내에서 집합해서 핵산이 봉입된 캡시드가 형성되어 바이러스가 완성된다. 완성된 바이러스는 세포를 파열시키고 밖으로 나가서 다음 세포에 감염된다.

한편, 세균을 감염시키는 바이러스도 있는데, 이를 박테리오파지라고 한다. 박테리오파지 중에는 세포에 달라붙어 캡시드 안의 핵산만을 세포 속에 주입하는 유형도 있다.

이와 같이 바이러스는 숙주 세포가 없으면 증식할 수 없다. 따라서 바이러스는 숙주와 공존하기 위해 진화하는 것 같고, 그래서 다양한 바이러스 질환의 원인 바이러스의 독성은 점차 약화되어 갈 것으로 예상된다.

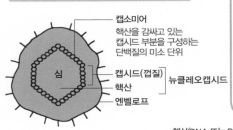

바이러스의 입자 구조

캡소미어
핵산을 감싸고 있는 캡시드 부분을 구성하는 단백질의 미소 단위

심
핵산

캡시드(껍질)

뉴클레오캡시드

엔벨로프

바이러스에는 RNA형과 DNA형이 있다. DNA의 핵산 염기는 아데닌(A), 구아닌(G), 시토신(C), 티민(T), RNA의 핵산 염기는 아데닌(A), 구아닌(G), 시토신(C), 우라실(U)이다. 염기는 산과 반응하여 염(塩)을 생성하는 화합물이다.

엔벨로프

개별적으로 합성된 핵산과 단백질이 세포에 집합해서 핵산을 가둔 캡시드가 만들어지면서 바이러스가 완성된다. 그 다음에 세포를 파괴하고 나와서 새로운 세포를 감염시켜 증식한다.

핵산(DNA 또는 RNA)
단백질을 갖고 있고 생물의 특징을 갖고 있다

캡시드(껍질)
핵산을 감싸고 있다

엔벨로프(피막)
일부 바이러스는 캡시드 바깥쪽에 엔벨로프를 갖고 있다

핵산(DNA 또는 RNA)

캡시드(껍질)

05 미생물은 눈에 보이지 않는데, 왜 '거대 생물'일까?

땅속에 미생물 왕국이 있고, 바이러스를 연결하면 1000만 광년의 길이

미생물의 대부분은 눈에 보이지 않는 작은 생물이다. 하나하나의 개체는 매우 작은 생물이므로 매우 약해 보인다. 하지만 증식하는 속도는 우리 인간과는 전혀 다르다.

대장균이 가령 가장 생육하기 쉬운 환경에 있으면 20분에 1회 세포분열하여 두 개의 개체로 증식한다. 이것이 지속되면 1시간이면 8마리($2 \times 2 \times 2$)가 된다. 그 결과, 하루가 지나면 47해(垓)(4.7×10^{21}) 마리가 되고, 또 다시 하루 동안 같은 속도로 증식하여 2,200정(正)(2.2×10^{43}) 마리가 된다. 미생물의 질량을 1×10^{-12}g 정도라고 하면 이틀에 2.2×10^{28}kg이 되고 지구의 질량 5.972×10^{24}kg보다 3,700배나 커진다.

물론, 실제로는 가장 증식하기 쉬운 환경은 인위적으로 만들어내는 것 외에 달리 방법이 없고 자연환경에서는 영양이 고갈되어 생육이 정지한다. 그러므로 실제로 이런 일은 일어날 수 없지만 그만큼 미생물의 잠재력이 매우 높다는 것을 알 수 있다. 그러나 그들이 진심으로 달려들기라도 하면, 어쩌면 미생물이 세계를 지배할지도 모를 일이다.

인간과 같은 다세포 생물은 각각의 개체 속에서 세포끼리 마음대로 행동하면 개체로 성립되지 않기 때문에 소통을 함으로써 개체로서의 통합성을 유지하고 있다.

그런데 미생물끼리도 서로 소통하면서 생활하고 있다는 사실이 판명됐다. 그것도 동종 미생물끼리뿐만 아니라 다른 종류의 미생물과도 소통하고 경쟁과 협력을 하면서 자신들의 서식하기 쉬운 생활권을 형성하는 것으로 밝혀졌다. 미생물도 네트워크를 만들어 사회를 형성하고 있는 것이다.

최근 들어 해저 땅속을 2,500m 부근까지 굴삭해서 2300만 년에서 2500만 년 전의 지층에서 샘플을 추출한 후 땅속의 미생물을 조사하는 세계적인 프로젝트가 시작되어 땅속 깊숙한 곳에도 미생물이 군집한다는 사실이 확인됐다.

지하에 펼쳐지는 새로운 생물권은 지구 바다의 약 2배 규모(20~23억㎢)에 달하고, 거기에 살아 있는 미생물을 탄소 무게로 환산하면 150~230억 톤이나 되는데, 이 수치는 사람의 탄소 무게의 수백 배나 된다고 보고됐다.

이러한 미생물의 일부는 이암(泥岩)이나 석탄층에 포함된 메탄올 및 메틸아민 등의 메틸 화합물을 자화(資化)해서 메탄과 이산화탄소를 방출하는 것으로 나타났다. 즉, 우리가 사는 육권(陸圈), 수권(水圈)과는 전혀 다른 '제3의 생명권, 미생물의 왕국'이 발견된 것이다. 이런 미생물이 어떻게 살고 있는지, 지구 환경에 어떤 영향을 미치는지는 아직도 모르는 것투성이다.

대형(袋形)동물

Lecane

대형 동물은 윤충류가 많다. 머리에 바퀴 모양 섬모환(ciliary loop)이 있고 후생동물 중에서는 가장 작다. 윤충류 이외에 복모류나 선충류가 나오기도 한다.

다양한 미생물
후생동물

반응조의 후생동물은 미세한 미생물이 출현한다. 대형동물, 환형동물이 대표적이다.

흙 속은 아니지만, 도쿄도 하수도국이 〈미생물 도감〉이라는 홈페이지에서 하수 처리에서 활약하고 있는 미생물을 소개하고 있다. 홈페이지의 내용을 일부 인용했다.

자료·사진 : 도쿄도 하수도국

환형(環形)동물

Chaetonotus

환형동물은 지렁이나 갯지렁이 외에 미생물에도 존재한다.

또 하나의 거대한 미생물군은 바이러스이다. 그런데 바이러스가 가장 많이 있는 장소가 어딘지 알고 있는가?

바로 바다이다. 바이러스는 세균보다 훨씬 작아서 일반 현미경으로도 볼 수 없지만, 전자 현미경으로 관찰하면 바닷물 $1m\ell$당 수천만~수억 개의 바이러스가 떠 있다. 바다의 전체 규모를 생각하면 $1,000$양(穰)(10^{31}) 개의 바이러스가 있는 셈이다.

만일 바다의 바이러스에 포함된 탄소량을 $0.2fg$(펨토그램)으로 계산하면 약 20억 톤이나 되고 대왕 고래 7,500만 두에 달한다. 바이러스의 크기를 $0.1\mu m$로 계산해서 이들을 모두 연결하면 우리은하 지름의 100배(1000만 광년)가 된다.

육안으로 볼 수 없지만 땅속은 미생물의 왕국, 특히 바다는 바이러스의 왕국이었던 것이다.

미생물은 눈에 보이지 않는데 왜 '거대 생물'일까?

육질충류

아메바

육질충류는 위족(가짜 다리)으로 움직인다. 위족에는 엽상과 사상, 망상이 있지만 위족이 없는 구상의 충류는 부유 생활을 한다.

섬모충류

스피로스토뭄(Spirostomum)

섬모충류는 대핵과 소핵을 갖고 있다. 가로로 2분열하고 대부분은 섬모로 움직인다.

편모충류

페라네마(Peranema)

편모충류는 하나 또는 여러 개의 편모를 갖고 있고, 엽록체가 있는 종류와 없는 종류가 있다.

다양한 미생물
원생동물

원생동물은 6만 5,000 종 이상이나 된다. 원생동물은 크게 편모충류, 육질충류, 섬모충류로 나뉜다.

06 미생물이 산소를 만든다고?

산소를 만드는 미생물은 남세균이다

지구의 표면에는 대기가 있다. 대기의 조성 비율은 질소 78%, 산소 21%, 이산화탄소 0.03%로 구성되어 있다. 그런데 원시 지구에는 산소가 거의 없고 이산화탄소, 염산, 아황산가스, 질소 등이 대기에 포함되어 있었다.

그랬던 지구에 어떻게 산소가 생긴 걸까? 정답은 지금부터 35~27억 년 전에 산소를 만드는 박테리아가 생겨났기 때문이라고 한다. 그리하여 이 박테리아의 작용으로 산소가 대기 중에 들어가게 됐고, 한참 후에 인간과 같이 산소를 호흡하는 생물이 태어난 것이다.

그 산소를 만드는 세균이 남세균(시아노박테리아 Cyanobacteria)이다. 남세균은 식물처럼 광합성을 하고 산소를 발생시킬 수 있는 유일한 그룹이다. 광합성을 하는 동시에 이산화탄소를 흡수하여 당분을 생산해서 자신의 몸을 만든다.

광합성을 하는 세균 중에는 광합성 세균이라는 산소를 발생하지 않는 그룹도 있다. 남세균은 이들과는 전혀 다른 그룹인 것으로 알려져 있다. 태고의 바다에서 남세균은 얕은 바다에서 햇빛을 받아 산소를 만들면서 광합성을 해서 증식했을 것이다. 이런 상황이 선캄브리아 시대부터 계속 이어졌을 것으로 짐작된다.

남세균은 단세포 생물이지만, 몇 개의 세포가 결합한 상태로 증식하는 것도 있다. 결합한 채 증식해서 스트로마톨라이트(Stromatolite)라는 암석을 형성한다. 스트로마톨라이트에는 그대로 화석이 된 것이 있고, 전 세계에서 과거 얕은 바다였던 곳에서 발견되고 있다. 남세균 암석으로는 현재에도 서호

주 샤크만(Shark Bay)에는 살아 있는 스트로마톨라이트가 존재하고, 1991년 유네스코 세계유산(자연유산)에 등재되었다.

산소가 생긴 덕분에 다양한 변화가 일어났다. 철광석을 예로 들어 보면, 바다에 녹아 있던 철분이 남세균이 만든 산소와 반응하여 산화철이 된다. 산화철은 녹슨 철을 말하는데, 바닷속에서 대량으로 줄무늬 모양을 이루며 퇴적했다. 지각 변동으로 그 퇴적물이 지상에 나타난 것이 철광석 광산이다. 남세균이 없다면 우리는 대량으로 철을 얻을 수 없었을 것이다.

현재 우리는 산소가 없으면 살 수 없지만, 옛날 바다에서 만들어진 산소는 몸속의 다양한 성분을 산화시키는 맹독이었다. 이 맹독을 무독화하기 위해 수많은 세포들이 산소를 흡입해서 섭취한 영양소를 연소시켜 이산화탄소와 물로 바꾸는, 즉 호흡이라는 기능을 습득한 것으로 여겨진다.

23

호주 서해안 샤크만의 얕은 바다에서 볼 수 있는 스트로마톨라이트
사진 : 가나가와현립 생명의 별 · 지구 박물관

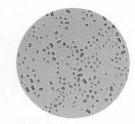

조류 남세균
광합성 생물로는 세계 최초로 게놈 해독됐다.
사진 : 나고야대학대학원 생명농학연구과 게놈 정보 기능학 연구 분야

사진 : 내셔널지오그래픽 홈페이지 / 제53차 남극 관측대, 와타나베 유키, 다나베 유키코

남세균은 탄산칼슘과 결합하여 스트로마톨라이트가 되지.

남극의 호수(나가이케라고 명명) 바닥에 무성하게 자라는 광경. 이끼와 수십 종류의 조류(藻類)에 남세균이 달라붙어 공존하고 있는 식물 군락

07 어떤 이유에서 미생물은 작아진 걸까?

높은 신진대사 활동과 증식 능력을 획득한 미생물

세균의 세포는 1~10㎛ 정도인데, 일반적인 진핵 세포는 이것의 5~100배 정도의 크기이다. 어째서 크기에 차이가 나는 걸까? 또한 이런 작은 세포로 살아가는 데 어떤 이득이 있는 걸까?

세균의 세포에도 우리 진핵생물과 마찬가지로 염색체가 있다. 세균 중에서도 자주 연구되는 대장균의 염색체 길이는 464만 염기쌍, 낫토균의 일종인 고초균의 염색체는 421만 염기쌍(염기쌍은 DNA를 구성하는 핵산의 상보적인 쌍이 몇인지를 나타낸 것)인데 반해, 인간의 염색체 길이는 약 30억 염기쌍이다. 크기는 대략 700배 정도로 차이난다.

염색체를 길이로 비교하면 인간의 염색체를 모두 연결하면 약 1m가 조금 넘는데, 대장균이나 고초균의 게놈은 1.3~1.4㎜ 정도밖에 되지 않는다. 또 세균의 세포 안에는 세포 내 소기관이 존재하지 않기 때문에 세균은 증식하려고 하면 진핵 세포에 비해 압도적으로 빠르게 증식이 가능하다. 예를 들어, 최상의 조건에서 대장균은 약 20분에 두 배로 증식할 수 있다. 이에 대해 진핵생물은 가장 빠르다고 알려진 효모가 1시간 이상 소요되며 사람의 세포는 하루 정도 걸린다. 진핵 세포는 긴 염색체를 복제하여 세포 내 소기관을 모두 만들고 나서야 비로소 분열할 수 있다. 하지만 세균의 세포는 크기가 작고 세포 내 소기관이 없기 때문에 불필요한 것을 만들 것 없이 염색체를 복제할 수만 있으면 세포 분열 준비를 마친 것이나 다름없다.

세균처럼 증식이 20분에 끝난다면 1시간에 3회 증식하기 때문에 2× 2×2=8배가 된다. 하나의 세포에서 시작하여 하루에 (2×2×2)를 24번 곱한 수가 되기 때문에 47해(4,700,000,000,000,000,000,000)개의 대장균으

로 증식한다. 대장균 세포 하나의 크기는 $0.5\mu\text{m} \times 2\mu\text{m}$ 정도의 타원형을 하고 있는데, 이것을 $1\mu\text{m}$의 구형으로 계산하면 하나의 대장균 부피는 대략 $0.000,000,000,000,000,000,52\text{m}^3$가 된다.

여기에 하루 동안 늘어난 개체수 47해를 곱하면 $2,444\text{m}^3$가 되므로 하나의 세포에서 시작하여 하루가 지나면 한 변이 대략 13m인 정육면체 정도의 부피를 꽉 채울 정도로 늘어나 버린다.

효모는 증식하는 데 1시간 걸리므로 하루에 16,777,216배밖에 증가하지 않는다. 그러면 자신들의 우위를 결정하는 것이 증식 속도를 얼마나 빠르게 하느냐에 달려 있다는 것을 알 수 있을 것이다.

어떤 이유에서 미생물은 작아진 걸까?

생물 종에 따른 염색체 개수

종	염색체 수(2n)
초파리	8
보리	14
비둘기	16
양파	16
벼	24
지렁이	32
고양이	38
생쥐	40
밀	42
사람	46
바퀴벌레	47
침팬지	48
양	54
소	60
말	64
개	78
잉어	100
금붕어	104

인간의 염색체 수는 46개이다. 이 그림은 남성의 염색체를 나타낸 것으로, 상염색체가 큰 순으로 번호를 매긴다.

※유성 생식하는 대부분의 종은 이배체(2n)의 체세포와 일배체(1n)의 배우자가 있다.

08 미생물은 어떤 환경에서도 살 수 있을까?

100℃를 초과하는 극한 환경에서도 살 수 있는 미생물

지구상에서 미생물이 없는 곳은 없다고 해도 과언이 아닐지도 모른다. 대기 중이나 물속, 땅속, 심지어 우리의 피부와 뱃속 등 다양한 곳에 미생물이 존재한다. 보통의 생물은 살 수 없는 장소에도 미생물은 존재하고 있다.

예를 들어, 통상보다 높은 온도를 좋아하는 미생물을 호열균이라고 한다. 그중에서도 50℃ 이상에서만 생육할 수 있는 미생물을 고도 호열균, 80℃ 이상의 온도에서 생육할 수 있는 것을 초호열균이라고 한다. 이러한 호열균은 온천이나 해저 화산의 분출 구멍 등에서 살아갈 수 있다.

우리 몸속에서 일하고 있는 단백질은 온도를 가하면 원래 구조 그대로 유지할 수 없다. 이것을 변성이라고 한다. 달걀흰자는 대부분 단백질과 물로 이루어져 있다. 삶은 달걀이나 달걀 프라이를 할 때 열을 가하면 투명한 흰자가 하얗게 변하는데, 이것이 단백질의 변성이다.

호열균의 단백질은 다양한 방법으로 열에 의한 변성을 받지 않는 구조로 돼 있다. 또한 몸의 구조를 높은 열을 받아도 살아갈 수 있도록 진화시켰다. 그 결과, 100℃를 초과하는 조건에서도 생육이 가능하다.

코로나 바이러스에서는 PCR 검사라는 단어가 자주 등장하는

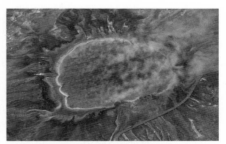

옐로스톤 국립공원의 그랜드 프리즈매틱 스프링
(Grand Prismatic Spring)
초호열균이 이렇게 뜨거운 곳에서도 살 수 있는 것으로 보아 생명 탄생 당시의 지구 환경에 적합하여 원시 생명체에 가까운 것은 아닐까 하는 의견도 있다.

데, PCR(중합효소 연쇄반응)을 가능케 한 것도 호열균이 만드는 DNA 복제 효소가 있었기 때문이다.

극한 환경에서도 살아갈 수 있는 미생물을 극한 환경 미생물이라고 부르기도 하는데, 온도 이외에도 호알칼리성균, 호염성균, 내냉균, 방사선 내성균 등이 알려져 있다. 호알칼리성균은 높은 pH를 선호해서 생육하며, 피부가 녹아내리는 pH12 이상의 강알칼리 조건에서도 생육이 가능한 미생물도 있다. 내냉균 중에는 0℃ 이하에서도 생육이 가능한 것이 발견되는가 하면 영하 20℃ 이하에서도 생육할 수 있는 미생물이 보고되기도 했다. 호염균 중에는 20% 이상의 식염을 함유한 용액에서도 생육이 가능한 미생물이 존재하고, 이스라엘의 사해 등 소금 호수에서도 발견되고 있다. 이것은 간장의 소금 농도보다 높은 환경에서 생육하고 있는 것이다.

이처럼 각각의 미생물은 스스로 사는 환경에 맞게 진화하고 있는 것이라고 볼 수 있으며, 그 결과 다른 생물이 살 수 없는 환경에서 자신들만이 우세하게 살아가는 조건을 갖추었다.

미생물은 어떤 환경에서도 살 수 있을까?

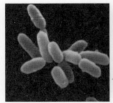

호염성 세균
(Halobacteria)
염분에도 지지 않는 고도호염균도 있다. 고세균으로 증식하는 데 높은 염화나트륨 농도가 필요하다.

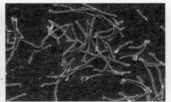

호열균(Thermus aquaticus)
미국 옐로스톤 국립공원에서 발견된 호열균으로, 최적 생육 온도가 45℃ 이상, 생육 한계 온도가 55℃ 이상인 미생물이라고 한다. 최적 생육 온도가 80℃ 이상인 미생물을 초호열균이라고 한다.

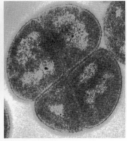

방사선 내성균
(Deinococcus radiodurans)
고도호열균(호열성 세균)과 고도호염균(호염성 세균) 모두 극한 환경 미생물이지만, 그 밖에도 알칼리나 저온, 건조, 낮은 압력, 산(酸)에도 아무렇지 않은 미생물이 있다.

09 계속해서 새로운 미생물이 발견되고 있을까?

연이은 발견으로 십수 년 사이에 미생물의 수가 4배 증가

앞에서 설명했듯이 미생물은 지구상 어디에나 존재하고 있다. 깊숙한 정글 속, 만년설이 덮인 고산 및 성층권, 심해 등의 자연과 인체의 피부 및 뱃속 등을 비롯한 모든 곳에서 발견되고 있다.

인간의 활동 범위가 확대됨에 따라 새롭게 답사한 장소에서 미생물이 발견되고 있다. 그래서 인간의 활동 범위가 넓어지면 넓어지는 만큼 새로운 미생물이 발견될 가능성이 있다. 토양 1g 속에는 수억 개나 되는 미생물이 있다고 한다.

그렇다면 인간은 미생물에 대해 얼마나 알고 있을까?

2020년 5월 현재, 국제 원핵생물 명명규약에 준거한 온라인 데이터베이스 LPSN(List of Prokaryotic names with standing in Nomenclature)에는 약 1만 9,000종류의 원핵생물(세균과 고세균)이 등록되어 있다. 그래도 지구상의 미생물 종류 중 불과 0.0005~1%에 불과하다는 설도 있다. 왜냐하면 지구상의 미생물 중 인공적으로 배양할 수 있는 것은 극히 일부이고 그 외의 대다수는 배양하는 것이 어렵기 때문이다.

2007년 국제미생물학회연합에 등록되어 있는 미생물의 수는 5,000종이 조금 안 되었다. 십수 년 사이에 4배나 늘어난 것이다. 미생물로 등록하려면 미생물의 크기와 모양, 어떤 영양을 이용할 수 있는지 등의 생리학적 성질, 세포막을 만들고 있는 지질의 종류와 세포벽의 구성 등 화학적 성상, 리보솜 RNA를 코드하는 유전 정보 배열 등의 정보가 필요하다.

특히 유전 정보의 배열을 분석하는 방법이 개발되어 분류 기법이 비약적으로 향상되었다. 지금까지 같은 속(屬)이라고 여겼던 미생물이 새로운 종으로 밝혀진 사례도 많다.

미국국립생물공학정보센터의 데이터베이스에는 51만 197개의 세균과 1만 3,529개의 고세균이 등록되어 있다. 이 데이터베이스에는 사람에게 인종이 있듯이 같은 종류의 세균 중에서도 유전 정보가 다르다는 연구 결과가 게재되어 있다. 즉, 미생물은 같은 종류라도 다양하고 저마다 개성을 갖고 있다.

[The Cedars] 사문암에서 솟아나는 물로, 희게 보이는 것은 탄산칼슘의 결정이다.

자료·사진 : JAMSTEC(국립연구개발법인 해양개발기구)

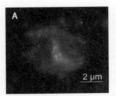

미소 광물에 부착된 CPR 세균을 형광 표식(녹색)으로 검출한 현미경 사진. 조사해 보니 미소 광물은 감람(한란)암이나 사문암인 것을 알 수 있었다. CPR이란 세균의 거대한 계통군으로, 아무래도 태고에 분기한 세균으로 예상되며, 세포가 매우 작고 특수한 유전자를 가진 종류가 많다. 모든 세균의 15% 이상이 가지고 있을 것으로 추정된다.

새로운 미생물이 속속 발견되어 왔다. 2007년 국제미생물학회연합에 5,000종에 가까운 미생물이 등록되어 있었다고 하는데, 지금은 그 4배에 달한다.

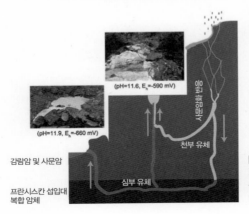

(pH=11.6, E_h=−590 mV)

(pH=11.9, E_h=−660 mV)

감람암 및 사문암

Y 프란시스칸암

천부 유체

심부 유체

프란시스칸 섭입대 복합 암체

[The Cedars] 사문암의 지하 구조 모식도. 여기에는 얕은 부분과 깊은 부분이 사문암화 반응을 받아 알칼리성의 환원적 물이 흐르고 있다.

10 미생물이 있다는 걸 누가 발견했을까?

수제 현미경으로 극소 생물을 발견한 '미생물학의 아버지'

인류는 맥주나 와인 등의 알코올음료 제조와 빵을 굽는 과정에서 예로부터 미생물의 혜택을 받았지만, 그것이 미생물 때문이라는 사실을 전혀 알지 못했다. 인류가 처음으로 미생물을 발견한 것은 17세기의 일이다. 네덜란드의 안토니 폰 레벤후크(Antoni von Leeuwenhoek, 1632~1723년)가 미생물을 관찰한 최초의 인물로 알려져 있다. 델프트라는 항구 도시의 직물상이자 관리인이기도 했다고 한다. 그는 직접 약 200배 정도의 단렌즈 광학 현미경을 제작했다. 이 현미경으로 다양한 것을 관찰했다고 한다.

레벤후크는 웅덩이, 빗물, 수프, 와인 등 여러 가지 사물을 관찰하던 중 이때까지 본 적 없는 아주 작은 동물을 발견했다. 그는 극미동물(미소동물, animalcule)이라고 명명했는데, 이것이 세계 최초의 미생물 보고로 기록된 셈이다.

레벤후크는 관찰한 미생물의 모습을 스케치로 남겼다. 때마침 이 무렵 영국왕립학회가 설립되었고, 레벤후크는 관찰 결과를 왕립학회에 지속적으로 보냈다. 그리하여 레벤후크는 1680년 왕립학회의 회원이 된다.

레벤후크가 관찰한 것은 스케치로 보아 원생동물, 조류(藻類), 효모, 세균 등 다양하고, 원생동물들이 알을 낳는 모습도 관찰되었다. 이런 공적을 인정받아 그는 '미생물학의 아버지'로 불리게 됐다.

레벤후크는 어떤 사람이었을까? 사실 레벤후크와 화가 요하네스 베르메르(Johannes Vermeer) 모두 델프트 출신으로, 베르메르가 죽은 후 레벤후크

안토니 폰 레벤후크의 초상화
레벤후크는 네덜란드 델프트에서 1632년 10월
24일 출생하여 1723년 8월 26일 90세의 나이로
사망했다.

요하네스 베르메르가 그린 〈천문학〉 모델은 레벤
후크로 보인다. 베르메르가 죽은 뒤 그의 유산을
관리한 것이 레벤후크인데, 레벤후크가 현미경
으로 보고 그린 것으로 보이는 여러 가지 그림은
사실 베르메르가 그린 거라고 주장하는 사람도
있다.

가 베르메르의 유산을 관리한 것으로 알려져 있
다. 베르메르의 작품 중에 〈지리학자〉와 〈천문
학자〉라는 작품이 있는데, 두 작품에 등장하는
사람이 레벤후크가 모델일 것이라는 주장도 있
다고 한다. 잘 보면 두 작품의 학자는 얼굴이 똑
같다.

　네덜란드 레이던대학교(Leiden University) 근
처의 부르하브 박물관(Museum Boerhaave)에는
레벤후크의 현미경이 전시되어 있다. 기념품으
로 레벤후크의 현미경 복제품도 있다.

레벤후크의 현미경(복제품)
사진 : Jeroen Rouwkema

이렇게
사용하는 거야.

재물대　　렌즈

초점
조절
나사

높이
조절
나사

현미경의 시초

혹이 그린 벼룩 그림

현미경은 1590년 네덜란드의 현미경 장인 한스 얀센(Hans Jansen)과 아들인 자하리야 얀센(Zacharias Jansen)이 발명했다고 한다. 현미경은 렌즈가 두 개인 복식 현미경이었지만 과학적으로 이용되지는 않았다.

망원경의 발명은 1608년 얀센가(家)와 이웃인 안경 장인 한스 리페르세이(Hans Lippershey)와 프라네커(Franeker)대학 교수 아드리안 메티우스(Adriaan Metius) 간에 특허 출원을 놓고 경쟁을 했지만, 동시 신청이었기 때문에 둘 모두에게 특허가 주어지지 않았다고 한다.

이듬해 갈릴레오가 망원경을 독자적으로 만들어 천문 연구에 많은 성과를 거두었다.

현미경을 이용한 과학적 성과에 대한 기록은 1658년 네덜란드의 얀 슈밤메르담(Jan Swammerdam)이 나비의 탈피 관찰과 적혈구를 언급한 것이 처음이다. 이어 1660년 이탈리아의 마르첼로 말피기(Marcello Malpighi)가 개구리의 폐에서 모세혈관을 발견했다. 1665년에는 영국의 건축가이자 박물학자인 로버트 훅(Robert Hooke)이 직접 제작한 복식 현미경(150배 정도)으로 동식물을 관찰하고 『현미경 도감』을 발간하였다. 도감에 실린 일러스트가 너무도 정밀하여 충격을 주었다.

*

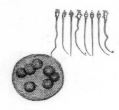

레벤후크가 발견해서 그린 물속 미생물 / 녹조(왼쪽, 1674년)와 개와 사람의 정자(오른쪽, 1677년).

출처 : 현미경의 역사 / JMMA 일본현미경공업회

훅 다음에 등장한 것이 레벤후크이다. 그의 현미경은 단식 현미경이었음에도 훅의 복식 현미경보다 배율이 200배 이상 높은 것이었다. 이 현미경을 이용해 세계 최초로 미생물을 발견하고 1673년 이후 런던왕립학회에 관찰 결과를 지속적으로 전달했다. 그러나 미생물이 어떤 역할을 하는지 밝혀진 것은 34항(84p)에서 소개하는 레벤후크로부터 200년 후인 파스퇴르가 등장하고 나서이다.

제 **2** 장

미생물은
인간과 함께 살고 있다는데,
사실일까?

11 몸속에 상재균이 있다는데, 사실일까?

사람과 좋은 관계에 있는 미생물이 저항력을 만든다

미생물은 어디에나 있으며 사람의 몸도 예외는 아니다. 피부는 물론 입속, 콧구멍, 머리카락 등 다양한 곳에 많은 미생물이 살고 있다.

우리의 몸은 어묵(가운데 구멍이 뚫린 어묵, 다음 페이지의 어묵 그림 참조_역자 주)과 같은 구조를 하고 있다. 몸의 표면이 어묵을 구운 단면 부분이고 어묵의 구멍이 입과 항문에 해당된다. 진정한 의미에서 몸통의 내부는 어묵에 해당하는 부분 외에는 몸 밖이라고 할 수 있다.

신체의 안쪽(어묵에 해당하는 부분)에 미생물이 침입하면 질병에 걸리는데 신체의 바깥쪽(어묵의 표면과 구멍 안쪽의 표면)에는 많은 미생물이 존재한다.

건강한 사람의 정해진 위치에 콜로니라는 집단에서 살고 있고, 사람과 좋은 관계를 맺으며 공생하는 미생물을 상재균이라고 한다. 상재균은 다양하며 서식하고 있는 신체의 부위, 그 사람의 연령, 성별, 사는 곳, 기후, 생활습관 등 다양한 요인에 따라 달라진다. 각 상재균의 집단은 대체로 몇 종류의 미생물로 구성되어 있는데, 그중에는 몇 십 종류, 몇 백 종류의 미생물 집단을 형성하고 있는 경우도 있다.

상재균은 우리에게 질병을 일으킬 뿐 아니라 질병의 원인이 되는 미생물로부터 몸을 지키기도 한다. 아기가 어머니의 자궁에 있을 때는 무균 상태이지만, 태어나자마자 미생물과 함께 생활하게 된다. 쥐를 이용한 실험에서 무균 상태를 유지하면서 성장시키면 평소의 1.5배 정도 오래 산다고 보고되었다.

하지만 무균 상태에서 생육시킨 쥐는 면역계의 발달이 미숙하여 감염에 대한 저항 능력이 약해진다.

인간 어묵론

사람의 소화기관은 입에서 항문까지 하나의 공동(空洞)으로 되어 있어서 그 모습이 마치 어묵과 같다는 이론이다. 어묵처럼 구멍이 하나로 이어져 있어서 질병과도 관련되어 있다는 얘기인데, 가령 구내염이 자주 생기는 사람은 위장에도 쉽게 염증이 생기고 치질도 잘 걸린다고 한다. 하나의 소화기관(어묵)이므로 입안이 건강하지 않으면 항문까지도 위험하다는 얘기인 듯하다.

어묵   인간

스트렙토코쿠스 무탄스(Streptococcus mutans)

입안에는 700종류의 균이 1,000억 개 이상 있다고 한다. 무탄스균은 치석(플라크)이 되어, 충치와 치주 질환의 원인이 된다. 잠자기 전에 치간 칫솔질도 잊지 않도록 한다.

표피포도상구균(Staphylococcus epidermidis)

피부에는 마이크로코쿠스(Micrococcus)와 말라세지아(Malassezia), 칸디다(Candida), 백선균, 기름샘(脂腺)에 있는 여드름 원인균인 프로피오니박테륨 아크네스(Propionibacterium acnes)도 상재하고 있다. 하지만 표피포도상구균은 피부를 약산성으로 유지하는 외에도 황색포도상구균과 여드름균의 번식과 냄새를 억제해 준다.

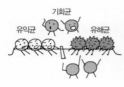

기회균

유익균   유해균

장 속의 비피더스균과 유산균 등은 유익균, 웰치균이나 프라길리스균 등은 유해균. 비병원성 대장균이나 박테로이데스균은 기회균이고, 비율은 유익균 2, 유해균1, 기회균 7이다.

덧붙여서 유익균은 건강 유지와 노화 방지 등에 영향을 주는 좋은 균, 유해균은 몸에 악영향을 미치는 균, 기회균은 건강할 때는 영향이 없으나 몸이 약해지면 나쁜 작용을 하는 균이다.

장내 플로라

현미경으로 장내를 들여다보면 뱃속에는 여러 가지 식물이 군생하고 있어 마치 꽃밭(=플로라)처럼 보인다. 소화시킬 수 없는 음식물을 몸에 좋은 영양물질로 바꾸고 장속의 면역세포를 활성화해서 병원균으로부터 보호하는 역할을 한다. 그래서 장내 균형이 매우 중요하다.

목속에 상재균이 있다는데, 사실일까?

12 신체의 냄새는 미생물이 만든다는데, 사실일까?

피지와 땀, 먼지가 미생물을 증식시켜 냄새를 만든다

사람에게는 여러 가지 냄새가 난다. 마늘을 먹으면 입에서 마늘 냄새가 나고, 평소 향신료를 즐겨 먹으면 향신료 냄새가 감돌며, 꽃향기가 나는 사람도 있다. 이런 냄새도 사실은 미생물에 의해 만들어지고 있다.

더운 한여름에 조깅을 하면 땀이 많이 난다. 이 땀은 에크린샘(eccrine gland)에서 나오는 땀으로 거의 냄새가 없다. 땀의 99%는 물인데, 여기에 염분과 아미노산 등이 포함되어 있다. 하지만 땀과 피부 표면의 먼지, 농축된 땀의 아미노산이 존재하면 피부 표면의 세균이 증식한다. 그러면 아세트산과 아이소길초산 등이 발생하여 시큼하고 불쾌한 냄새의 원인이 된다. 발바닥에도 에크린샘이 많아, 발 냄새나 신발 냄새도 아세트산과 아이소길초산 등이 혼합되어 나는 냄새이다.

겨드랑이에는 아포크린샘(apocrine gland)이 있고, 여기에서 나오는 땀은 수분 외에 단백질, 지질, 지방산 등을 포함하고 있다. 아포크린샘에서 나오는 땀에 포함된 지방산 등을 상재균 중 포도상구균(staphylococcus) 속이 3−메틸−2−헥산으로 변환하기 때문에 액취증을 유발한다고 한다. 원래 이 땀에서 생성하는 냄새는 이성을 끌어당기는 등 동물의 페로몬과 비슷한 기능이 있었던 것으로 추정된다.

머리는 피지선이 발달되어 있어서 지질이 많이 분비된다. 분비된 지질에 포함된 긴사슬지방산이 발레르알데하이드(valeraldehyde), 헵타날(heptanal) 등의 알데하이드류와 아이소길초산, 이소낙산(isobutyric acid), 길초산, 카프로산(caproic acid) 등의 저급 지방산으로 변환되고, 인돌(indole) 등이 혼합되어 독특한 냄새를 형성하고 있다.

또한 나이가 듦에 따라 생기는 가령취(加齡臭)도 있다. 이것은 나이가 들면 피지 속에 증가하는 팔미톨레산(palmitoleic acid)과 같은 불포화지방산의 산화로 2-노네날(2-Nonenal)이라는 물질이 생성되어 발생하는 것으로 알려져 있지만, 미생물이 관여하는지는 아직 명확하지 않다.

에크린샘과 아포크린샘

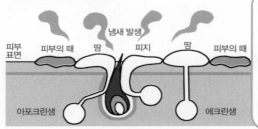

에크린샘과 아포크린샘

> 어떤 이유에서 체취가 생기는 걸까? 대체로 피부에 살고 있는 상재균이 땀이나 때, 피지에 포함되어 있는 성분을 분해해서 냄새가 난다. 바로 몸에서 발산하는 가스인 셈이다. 왼쪽 그림은 냄새가 나오는 원리를 설명한 것이다.

일러스트 참고 : 약과 건강 정보국 / 다이이치산쿄 헬스케어

에크린샘과 아포크린샘

참고 : 약과 건강 정보국 / 다이이치산쿄 헬스케어

	에크린샘	아포크린샘
분포 위치	전신에 분포하며 특히 손바닥과 발바닥에 많다.	겨드랑이와 생식기 주변
성분	염화나트륨, 칼륨, 칼슘, 젖산, 아미노산 등이며, 약 99%는 물	물, 단백질, 지질, 지방산, 콜레스테롤류, 철염 등
역할	체온 조절 등	냄새로 성적 매력 어필
특징	긴장했을 때나 체온이 상승하면 땀이 난다. 땀이 난 직후에는 무취이지만, 시간이 지나면서 점점 얼룩이 생기고 세균이 번식하여 냄새가 난다.	사춘기가 되면 아포크린샘의 활동이 활발해져 특유의 냄새가 난다. 액취증은 그 냄새가 강한 경우를 말한다.

냄새가 강한 주요 부위

	특징	주요 냄새 성분
겨드랑이	겨드랑이에는 아포크린샘이 많고 피부의 상재균도 많이 붙어 있다.	겨드랑이 특유의 냄새의 원인 3-메틸-2-헥산. 코를 찌르는 신냄새 비닐케톤 류
발바닥	발바닥은 등이나 가슴보다 에크린샘이 5~10배 많다. 각질도 두껍고 신발과 양말로 덮여 땀이 쉽게 찬다.	발바닥에서 독특한 냄새를 유발하는 아이소길초산, 아세트산 등
두피	두피는 피지선이 발달하여 각질 세포가 벗겨지면 비듬이 생기기 쉽다. 또 모발이 냄새를 흡착, 응축한다.	알데하이드류, 아이소길초산, 이소낙산, 길초산, 카프로산 등이 두피 및 두발 냄새를 일으킨다.

피부에는 피지를 분비하는 피지선과 땀을 내기 위한 땀샘이 있다. 피지선은 피부에 습기를 주어 건조해지는 것을 방지하고 땀샘은 땀을 증발시켜 체온을 낮춘다.

> 체취 성분은 수백 종류!

13 몸을 박박 씻는 것은 피부에 나쁘다는데, 사실일까?

강하게 씻으면 피부 상재균의 장벽이 손상되어 병원균 침입을 허용한다

사람의 피부에는 피부 상재균이라 불리는 1,000종류의 세균이 존재하는 것으로 알려져 있다. 이러한 세균은 유전자 배열을 이용한 해석을 통해 프로테오박테리아(Proteobacteria), 방선균(Actinomyces), 후벽균 (Firmicutes), 의간균(Bacteroidetes) 중 어느 하나에 속하며, 각각 90%, 5.6%, 4.3%, 1% 이하라는 사실이 확인되었다.

지금까지 피부에서 채취한 주요 세균으로는 표피포도상구균(Staphylococcus epidermidis)과 프로피오니박테륨 아크네스(Propionibacterium acnes)가 보고되 었지만, 새로운 분석 방법을 통해 이러한 세균의 비율이 5% 미만이었기 때 문에, 피부에는 통상적인 방법으로 배양할 수 없는 세균이 다수 존재할 거라 는 주장이 제기된 것이다.

피부 상재균은 각각 생존하는 장소가 나뉘어 있다. 지질이 많은 곳에서 는 프로피오니박테륨 아크니스(*P.acnes*) 등의 방선균류나 표피포도상구균 (*S.epidermidis*) 등의 후벽균 세균이 많고, 습한 곳에는 후벽균인 포도상구균 (Staphylococcus)과 코리네박테륨(Corynebacterium) 등이 많으며, 건조한 피부 에는 프로테오박테리아 중 장내 세균에 공통되는 것과 의간균류인 플라보박 테륨(Flavobacterium) 등이 각각 함께 존재하고 있다.

이러한 균은 피지를 먹고 지방산을 분비하여 피부를 약산성으로 유지함 으로써 병원성 세균의 침입을 막기도 하고, 항균 펩타이드를 배출해서 다 른 세균의 침입을 막는다. 따라서 피부를 항균 비누로 씻으면 상재균이 사멸 하고 만다. 또 지나치게 박박 씻으면 상재균이 만든 피부 장벽이 붕괴해 버 린다.

하지만 외출했다가 돌아와서 손을 씻어도 씻지 않은 부분에서 상재균이 부활하여 새로운 장벽을 만들어 준다. 단, 너무 지나치게 씻으면 장벽을 무너뜨릴 뿐만 아니라 피부 표면에 상처를 입혀 병원균의 침입을 유발하기도 한다. 전신을 씻을 때는 적당한 자극을 가하는 정도로 씻는 것이 중요하다.

피부에 사는 상재균들

이러한 균은 피부 상재균으로 사람의 피부에 붙어 있다.
피지를 먹고 지방산을 분해하여 피부를 약산성으로 유지한다.

프로테오박테리아
(Proteobacteria)

후벽균
(Firmicutes)

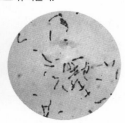

코리네박테륨
(Corynebacterium)

의간균
(Bacteroidetes)

피부를 약산성으로 하면 피부에 병원성 세균이 침입하기 어려운 데다, 항균성 피부 세포의 증식 활성화 펩타이드를 배출해서 세균의 침입을 막는다.

몸을 박박 문지르는 건 NO!

피부 상재균 중에서도 표피포도상구균이 각질층에 달라붙어서 병원성 포도상구균이나 곰팡이의 번식을 막아준다. 그런 피부를 지켜주는 상재균을 항균 비누로 씻으면 안 된다. 무엇보다도 박박 문질러 씻으면 상재균이 만든 장벽을 무너뜨리고 피부 표면에 상처를 입혀서 병원균의 침입을 유도할 수 있다. 몸을 씻을 때 가급적이면 강한 자극을 주지 않도록 하는 것이 중요하다.

몸을 박박 씻는 것은 피부에 나쁘다는데, 사실일까?

14 장내에는 100조 개나 되는 박테리아가 있다는데, 사실일까?

장내 세균의 총무게는 2kg들이 쌀자루 무게이다

사람의 장내에는 수천 종류, 100조 개 이상의 세균이 존재한다고 한다. 이 수치를 토대로 계산하면 한 사람 한 사람이 갖고 있는 장내 세균은 1.5~2kg이나 된다. 장내 세균은 아무렇게나 장 속에 생육하고 있는 것이 아니라 각각 어느 정도 정해진 장소에 집단을 형성해서 성장하고 있다.

이 집단을 장내세균총(장내 플로라)이라고 한다. 장내세균총은 일단 형성되면 비교적 고정되기 때문에 나중에 음식물과 함께 들어오는 병원균 등이 끼어들지 못하고 미리 살고 있던 장내 세균에 의해서 배제된다.

음식을 먹으면 위장을 통과한 후 십이지장, 공장(空腸), 회장(回腸)(여기까지가 소장), 이어서 대장으로 운반된다. 위에는 위산이 있기 때문에 살아 있는 세균은 내용물 1g당 10개 정도밖에 볼 수 없지만, 십이지장, 공장에는 각각 1,000~10,000개 정도, 회장에서는 급격하게 증가하여 1g당 수천만~수억 개, 대장에는 100억~1,000억 개의 세균이 생육하고 있다.

물론 이외에 죽은 세균도 많이 존재한다. 십이지장 부근에는 음식물과 함께 흡입된 산소가 존재하기 때문에 유산균 등 산소에 대한 내성을 가진 통성혐기성균이 우세하지만, 대장까지 가면 산소가 거의 없는 환경이므로 산소에 내성이 없는 비피더스균과 같은 편성혐기성균이 많아진다. 1,000종 이상의 미생물로 형성되어 있는 장내 세균 중 대부분이 혐기성 세균이며, 30~40종 정도의 세균이 세균총의 대부분을 차지하고 있다.

사람은 태어날 때는 무균 상태이지만, 출생 직후부터 세균과 함께 생활하기 시작한다. 유아기에는 비피더스균(Bifidobacterium)이 우세한 상태에서 장

내세균총은 안정되어 있지만, 이유기에 접어들면 의간균(Bacteroidetes), 유박테륨(Eubacterium)이 증가한다. 또 중년을 지나면서 비피더스균이 감소하고 웰치균이 증가한다.

비피더스균이 있으면 대장에서 젖산과 초산이 생성되어 장내 환경이 정돈된다. 한편 웰치균은 부패균의 하나로 아미노산, 암모니아, 아민, 페놀 등의 유해물질을 생성한다. 웰치균이 증가한다는 것은 장이 노후했다는 징후로 받아들일 수 있는데, 체내에서 처리할 수 없는 양의 유해물질이 생산되면 몸 전체에 영향을 미친다.

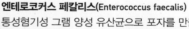

픽업 장내 세균

사진 제공 : 야쿠르트 중앙연구소

사람의 장내에는 수천 종의 세균이 1,000조 개 이상 서식하고 있고, 그 무게는 1.5~2kg이나 된다. 세균은 장내세균총이라는 여러 집단을 만들어 거주하고 있다. 장내 세균을 픽업하여 어떤 특징이 있고, 어떤 작용을 하는지 살펴보자.

비피도박테륨 비피덤(Bifidobacterium bifidum)

비피더스균은 유당이나 올리고당을 이용하여 젖산과 초산을 만들어 장내 pH를 낮게 유지하고 장내의 기회감염균을 억제한다. 이 균은 V 또는 Y자와 같이 둘로 갈라지는 형태가 많기 때문에 그리스어로 분기를 나타내는 bifid에서 Bacillus bifidus(바실러스 비피더스)라는 이름이 붙었으며, 비피더스의 어원이기도 하다.

박테로이데스 프라길리스(Bacteroides fragilis)

편성혐기성 그램 음성 간균으로 포자를 만들지 않고 운동성도 없다. 혐기성인데 산소 내성이 있어 몇 시간 산소 속에 있어도 거의 죽지 않는다고 한다. 세균총 내에서는 우세균 중의 하나로, 병원성은 낮지만 피로와 스트레스가 축적되어 저항 능력이 약해지면 질병을 일으킨다. 페니실린 등을 불활성화시키는 경우도 있다.

엔테로코커스 페칼리스(Enterococcus faecalis)

통성혐기성 그램 양성 유산균으로 포자를 만들지 않고 운동성도 없다. 형태는 구균, 쌍구균, 짧은 연쇄상구균으로 소화기관에 상재하는 균이다. 건강한 사람에게도 붙어 살고 있지만, 때로는 요로 감염이나 패혈증을 일으킨다. 게다가 항생제 내성이 있는 것도 있어 의료 분야에서 문제로 여기고 있다.

15 장은 '제2의 뇌'라고 하는데, 사실일까?

장에서는 행복 감수성 물질 세로토닌을 다량 생산한다

식도, 위, 소장, 대장 등 소화기관의 내부 벽면에 망사형 네트워크를 형성하는 장관신경이라는 신경계가 있다. 사람의 경우 수억 개의 신경세포로 구성되어 있어 뇌로부터 지휘가 없어도 생명 유지에 필요한 장관의 기능과 분비, 혈류 조절 등 다양한 소화관의 기능을 자율적으로 조절할 수 있다. 이런 이유에서 '제2의 뇌'라고도 한다.

장관신경과 뇌는 밀접한 관계가 있다고 믿고 있다. 긴장하거나 스트레스를 받으면 배가 아픈 적이 있을 것이다. 이것은 뇌의 스트레스가 대장에 직접 작용하기 때문에 발생한다.

반대로 장은 소화와 흡수만 담당하는 게 아니라 병원균 등과 싸우는 장관면역이라 불리는 기구를 갖고 있다. 병원성 세균 같은 항원이 장내에 들어오면 이에 대해 장관 벽에 존재하는 면역 체계 기관에서 병원성 세균과 싸워 체내로 침입하는 것을 저지한다. 또 어떤 것이 침입했는지에 대한 정보를 지속적으로 뇌에 전달한다.

뇌와 장의 연결 관계 사이에 존재하는 것이 장내 세균이라고 주장하는 연구자도 있다. 장내세균총을 정비함으로써 뇌와 내장의 관계를 정상화할 수 있다는 생각이다. 과민성 대장 증후군이 있는 쥐를 이용한 실험에서 장내세균총에 이상이 있으면 뇌에 보내는 신호 전달에 이상을 일으키는 것으로 보고되었다.

또한 장에서는 세로토닌이라는 행복을 느끼는 물질이 다량 생산되는 것으로 밝혀졌는데, 이는 특정 장내세균총이 생산에 관여하는 것을 의미하기도 한다. 이와는 별도로 박테로이데스를 다량 갖고 있는 그룹과 그렇지 않은

그룹의 여성들을 대상으로 연구한 결과, 박테로이데스가 적은 그룹이 불안과 스트레스를 쉽게 느끼는 것으로 확인되었다. 이 결과에서 특정 균이 적기 때문에 불안을 쉽게 느끼는 건지, 아니면 불안을 쉽게 느끼는 사람이 어떤 이유에서 특정 균을 조금밖에 가지지 못하게 되었는지까지는 알 수 없다. 그러나 장내 세균과 장, 그리고 뇌 사이에 강한 연관이 있다는 것은 분명하다.

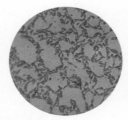

박테로이데스 속
박테로이데스 속의 균을 많이 갖느냐 그렇지 않느냐에 따라서 불안감이나 스트레스를 느끼는 정도가 다르다고 한다.

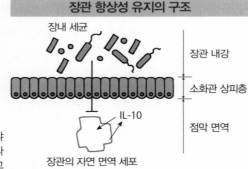

장관 항상성 유지의 구조

장내 세균

장관 내강

소화관 상피층

IL-10

점막 면역

장관의 자연 면역 세포

소화관의 점막 조직에 자연 면역 세포가 있다. 스스로 IL(인터루킨)-10을 생산하여 장내 세균에 반응하지 않기 때문에 염증을 일으키지 않는다. IL-10은 염증이나 자기 면역 반응을 억제하는 사이토카인(생리 활성 단백질)이다.

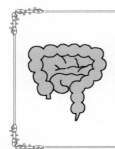

장은 제2의 뇌

장은 항상성이라고 부르는, 외부 환경의 변화에 대응하여 체내 환경을 안정시켜 일정하게 유지하는 과정을 신경과 내분비, 면역의 상호작용을 통해 조절하는 능력을 가지고 있다. 뇌의 지시 없이도 24시간 스스로 판단하고 활동하기 때문에 '제2의 뇌'라고 불린다.

16 충치와 치주 질환은 미생물 때문이라는데, 사실일까?

사람의 입속에는 성인의 경우 수백 가지의 세균이 존재하며 구강 상재균총을 형성하고 있다. 침 1㎖당 수백 만에서 수억 개의 세균이 서식하고 있으며, 총수는 이를 제대로 닦는 사람도 1,000억에서 2,000억 개 정도, 치아를 제대로 닦지 않고 플라크가 있으면 1조 개나 되는 세균이 있다. 특히 충치의 원인으로 잘 알려진 것이 스트렙토코쿠스 무탄스(*Streptococcus mutans*)이다.

이 균은 유산균의 일종이다. 치아 표면에 붙어서 주위에 끈적끈적한 불용성 다당류인 β-글루칸을 생산하는데, 이것이 치석의 원인이 되기도 한다. 글루칸은 치아에 단단히 붙어 있으며, 균 주위가 혐기성이 되기 때문에 먹이가 되는 당분을 먹으면 계속해서 젖산을 만든다. 그리하여 산에 의해 치아 표면의 에나멜의 주성분인 인산 칼슘을 녹여 버린다. 또 상아질이라는 치아 내부에 침입하면 상아질은 에나멜질보다 산에 쉽게 녹기 때문에 심각한 충치로 진행한다.

또한 치주 질환은 소위 치아와 잇몸 사이의 치주포켓(Periodontal pocket)에 침입해 플라크와 치석을 형성하는 세균에 의해 발생한다. 치주 질환에 감염되면 포르피로모나스 진지발리스(*Porphyromonas gingivalis*), 타네렐라 포르시티아(*Tannerella forsythia*), 트레포네마 덴티콜라(*Treponema denticola*) 등 여러 종류의 세균이 발견된다.

치주 질환은 여러 종의 균이 관여하고 있다. 균은 생물막(Biofilm)이라는 발판이 되는 구조체를 구축하고 커뮤니티를 형성하여 서로 공생함으로써 증식하여 병원성에 영향을 주는 것으로 알려져 있다. 이러한 세균이 달라붙어

조직을 파괴하는 효소와 면역 교란 물질 등을 생산한다. 잇몸에 염증을 일으키고, 심한 경우는 치주 질환으로 발전하여 치아를 지탱하는 뼈를 녹여 버리기 때문에 치아를 잃을 수도 있다.

충치균이나 치주 병균은 엄마나 가족으로부터 신생아에게 옮아 정착한다. 이외에도 심내막염이나 동맥경화 등 전신 증상을 일으키는 경우가 있다고 한다. 달콤한 음식이 세균의 증식을 도와주기 때문에 식후 양치질은 이러한 세균이 치아와 잇몸에 달라붙는 것을 방지하여 충치와 치주 질환을 예방한다.

포르피로모나스 진지발리스(Porphyromonas gingivalis)
치주 질환의 원인균은 포르피로모나스 진지발리스(Porphyromonas gingivalis), 타네렐라 포르시티아(Tannerella forsythia), 트레포네마 덴티콜라(Treponema denticola) 외에도 몇 종류가 더 있다. 치주 질환은 심장병이나 폐렴과도 관계되어 있으며, 손발의 말단 혈관이 막혀 염증이나 궤양을 일으키는 버거병(buerger's disease)이나 조산에도 영향을 미친다.
사진 : 일본세균학회

충치가 생기는 과정

1 유산균의 일종인 무탄스균(충치균)이 치아에 달라붙어 있는 당분을 먹는다.

2 치아의 당분을 무탄스균이 분해하여 플라크를 만든다.

3 무탄스균이 당분을 발효시켜 젖산 등의 산을 만든다.

4 산이 치아의 에나멜질과 상아질을 녹여 충치를 만든다.

건강한 잇몸과 치조골 / 치주 질환의 잇몸과 치조골

건강한 모습 **치주 질환의 모습**

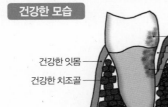

건강한 잇몸
건강한 치조골

플라크
치주포켓
치석
염증을 일으킨 잇몸
파괴된 치조골

충치를 방지하기 위해 식후 20~30분에 칫솔질을 하는 것이 좋아요. 치간 칫솔도 효과적이에요!

17 여드름도 미생물 때문이라는데, 사실일까?

유익균이기도 유해균이기도 한 여드름의 원인이 되는 여드름균

여드름은 심상성 좌창(尋常性 痤瘡)이라는 만성 염증성 질환이다. 청춘의 상징이라고도 일컬으며 청소년의 90% 이상이 여드름이 생긴다고 보고되었다. 사춘기가 되면 제2차 성징이 발현하여 호르몬 균형이 달라진다. 모공 속 피지선에서 피지가 많이 분비된다. 이때 피지가 너무 많거나 모공의 출구가 막히면 피지선성 모낭에 항상 다량으로 존재하는 여드름 원인균이 증식하여 생기는 것으로 여겨지고 있다.

여드름의 원인이 되는 세균은 큐티박테륨 아크네스(*Cutibacterium acnes*)이다. 과거에는 프로피오니박테륨 아크네스(*Propionibacterium acnes*)로 알려졌으나, 최근의 게놈 분석 덕분에 분류가 바뀌었다. 일반적으로 아크네스균 등으로 불린다.

이 균은 이른바 피부 상재균의 하나로 전신에 존재하며, 특히 피지가 많은 얼굴과 등, 두피에 집중되어 1㎠당 10만~100만 개 정도가 생육하고 있다. 여드름이 심하지 않은 사람도 이 균 자체는 존재한다.

여드름균은 산소가 있는 곳에서도 생육할 수 있지만, 산소가 없는 장소를 선호하는 통성 혐기성균 그룹으로 분류되어 있다. 리파아제라는 지방을 분해하는 효소를 분비, 피지에 포함된 지질을 분해하여 유리지방산을 방출한다. 일반적으로 이 유리지방산과 대사 산물인 프로피온산 등이 피부 표면의 pH을 낮춰 산성을 유지하여 피부 표면의 세균 증식을 억제한다. 하지만, 아크네스균이 모공과 같은 닫힌 공간에서 대량으로 증식하면 유리지방산과 아크네스균이 생산하는 보체 활성화 인자 및 화학주화성 인자라는 염증을 진행시키는 물질이 여드름을 악화시킨다.

또한 심내막염, 패혈증, 사르코이드증(Sarcoidosis) 등의 질병과도 관련이 있다고 한다.

우리 몸에 보호막을 만들어주는 아군인 동시에 우리 몸의 균형이 무너지면 본모습을 드러내는 적군이 될 수 있는 것이 아크네스균이다.

여드름이 생기는 과정

참고 : 여드름의 기초 지식 / 오츠카제약

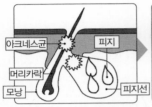

① 피지선에서 피지(기름 물질)가 분비되어 모공을 통해 피부 표면으로 배출된다. 그런데 모공에는 아크네스균(여드름 균)이 들러붙어 있다.

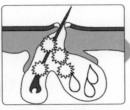

② 어떤 작용으로 인해 모공의 출구에 해당하는 피부에 각질(경단백질)이 침착해서 각질화하면 모공이 막혀 피지의 출구가 없어진다.

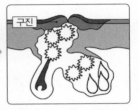

③ 출구가 막혀 피지가 쌓이면 피지를 좋아하는 아크네스균이 증가한다. 아크네스균은 다양한 염증 물질을 만들어 붉은 구진(丘疹)이 생긴다.

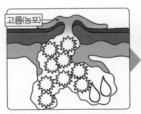

④ 염증이 진행하면 모공의 출구가 찢어지고 염증은 더욱 넓어져 고름을 가진 농포가 생긴다.

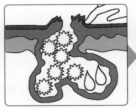

⑤ 농포가 된 여드름을 짜는 등 외부 자극이 있으면 여드름은 더 악화된다.

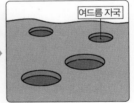

⑥ 악화된 여드름은 완치된 후에도 반흔이라는 여드름 흉터 자국이 남는다. 여드름은 만지거나 짜서 자극하면 안 된다.

아크네스균
여드름은 아크네스균이라는 미생물의 소행이다. 아크네스균은 산소를 좋아하지 않는 통성 혐기성균이라고 한다. 여드름은 의학적으로는 심상성 좌창(尋常性 痤瘡)이라는 피부 질환을 말한다. 아크네스균은 피부의 상재균으로, 특히 얼굴이나 두피를 좋아하고 1㎠당 10~100만 개나 살고 있다.

사진 제공 : 일본메나도화장품주식회사

47

여드름도 미생물 때문이라는데, 사실일까?

18 무좀이나 백선(白癬)도 미생물 때문이라는데, 사실일까?

48

곰팡이의 일종인 백선균이 고온다습한 신체 부위에서 증식한다

여름이 되면 특히 가려운 무좀이나 백선(사상균에 의해 일어나는 피부 질환)은 항상 구두를 신는 직장인이나 스포츠 선수 등에게서 많이 볼 수 있다.

무좀도 백선도 사상균증이다. 백선을 일으키는 균을 백선균이라고 한다. 백선 중 다리에 생기는 것을 무좀, 사타구니에 생기는 것을 고부백선(股部白癬, 사타구니 백선), 사타구니 이외의 장소에 발병하는 체부백선(體部白癬), 이 모두를 합쳐서 백선이라고 한다. 이외에도 머리카락에 백선균이 자라는 두부백선(백운), 손톱에 감염되는 손톱백선, 손에 감염되는 손백선 등이 있다.

백선균은 곰팡이의 일종이다. 40종 정도의 원인균이 있는 것으로 밝혀졌는데, 트리코피톤 루브럼(*Trichophyton rubrum*), 트리코파이톤 멘타그로피테스(*Trichophyton mentagrophytes*)가 일반적인 원인균이다. 이외에도 격투기 선수에게서 자주 볼 수 있는 두부백선의 원인균인 트리코피톤 톤슈란스(*Trichophyton tonsurans*), 고양이가 감염원인 두부백선의 원인균인 미크로스포룸 카니스(*Microsporum canis*), 토양에서 감염되는 것으로 확인된 원인균인 미크로스포룸 집섬(*Microsporum gypseum*) 등 약 10종류가 발견되었다.

백선균은 피부의 각질이나 머리카락을 만드는 케라틴이라는 단백질을 영양원으로 해서 성장한다. 그래서 몸속 어디서나 생육할 수 있다. 땀이 차고 고온다습한 환경이 유지되거나 비위생적인 피부 표면에서는 백선균이 쉽게 증식한다.

무좀은 발바닥, 특히 발바닥 한가운데에 생기는 소수포형(小水疱型), 발가락 사이의 살갗이 불거나 찢어지는 지간형(趾間型), 발꿈치 등 발바닥이 딱

딱해지는 각질증식형 등이 있다. 백선은 붉게 부어오른 발진이 원형으로 퍼져 나간다.

　백선균은 진핵생물이기 때문에 항생제와 같은 세균의 증식을 억제하는 약은 효과가 없다. 우리와 유사한 세포 구조를 가지고 있기 때문에 항진균제라는 진핵 미생물에 특이적으로 효과를 보이는 약물을 사용한다. 이 약은 주로 세포막에 작용하여 세포막의 기능에 장애를 일으키거나 세포막 구조를 변화시키는 것, 세포벽이라는 균의 외벽이 제대로 합성되지 않도록 작용하는 것이 있다.

　무좀은 낫는 듯해도 재발하는 경우가 많다. 그 원인 중 하나가 백선균이 붙은 피부가 각질이 되어 바닥에 떨어져 있거나 슬리퍼, 카펫 등에 붙어 있다가 다시 피부에 감염되는 것으로 보고 있다.

증상에 따른 무좀의 차이

종류	특징
지간형	손가락 사이의 피부가 하얗게 불어서 질척거리거나 피부가 벗겨지기도 한다. 가장 많은 유형
소수포형	발바닥의 한가운데나 발바닥의 가장자리에 작은 물집이 많이 생기고, 곧 물집이 터져서 피부가 벗겨지는 유형
각질증식형	발바닥이 딱딱해져 두꺼워지고 균열이 발생하는 드문 유형

무좀에 쉽게 걸리는 장소

무좀이나 백선의 원인균은 곰팡이의 일종인 백선균으로 40종류 정도가 있다. 토양균이 사람 피부의 가장 바깥쪽에 있는 각질 성분인 케라틴을 영양분으로 해서 증식하게 됐다고 한다. 백선균이 피부에 달라붙어도 바로 표면으로 드러나지 않으며 그리 쉽게 옮기지 않는 듯하다. 가장 위험한 것은 가족 중에 무좀균 보유자가 있는 경우에 벗겨져 떨어진 피부 무좀균이 바닥에 흩어져 있다가 그것을 가족들이 매일 계속 밟고 다니면 감염되는 것일지도 모른다.

팔에 생긴 백선

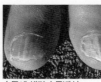

손톱에 생긴 손톱백선

발 무좀 감염자

집안
욕실 매트
이불
카펫

백선균이
묻은 피부가
벗겨진다

집밖
온천, 목욕탕
체육관
공공시설의 슬리퍼

감염

백선균이 발바닥에 부착

19 칸디다도 미생물이 원인이라는데, 사실일까?

칸디다증(Candidiasis)은 피부나 점막의 습한 장소에 붉은 발진이 나타나며 극심한 가려움증과 얼얼한 통증을 느끼는 질환이다. 발병 위치는 다양해서 겨드랑이 밑, 배의 군살과 같이 피부의 주름살 등이 패인 곳, 배꼽, 입안이나 식도, 남성 생식기, 여성 생식기 등에서도 볼 수 있다.

이 질병의 원인은 칸디다(Candida) 속의 병원성 효모이다. 특히 칸디다 알비칸스(*Candida albicans*)가 일반적이다. 칸디다 알비칸스는 소화관에 있는 상재균 중의 하나이다. 일반적으로 인체에 해를 끼치는 일은 없다.

그런데 스트레스와 같은 이유로 면역작용이 저하되면 칸디다 속 균이 점막과 촉촉한 피부에서 과도하게 증식해 버린다. 특히 고온다습한 기후, 비위생적인 환경, 기저귀나 속옷을 갈아입지 않거나 임신, 비만, 당뇨병, HIV 감염, 면역 억제제 복용, 항균약 사용 등에 기인한다. 이러한 감염을 일으키는 균을 기회감염 원인균이라고 한다.

칸디다 알비칸스는 2형성 효모로도 유명하다. 일반 배지에서 배양하면 빵효모와 같은 타원형을 이루고 있으며 출아에 의해서 증식한다. 그러나 혈청의 존재와 온도, pH, 이산화탄소 등에 의해서 사상균과 같은 균사형으로 성장하기 시작한다.

사람의 상재균으로서 소화관에 존재할 때는 효모형으로 성장한다. 하지만 조직에 침입하면 균사형과 효모형 모두 볼 수 있게 된다.

또한 동물 실험에서는 효모형에서 균사형으로 변화해서 감염을 일으키기 때문에 균사형이 되는 것이 병원성과 관련이 있다고 여겨지고 있다.

칸디다증이란?

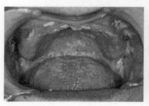

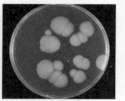

구강 칸디다증

한천 배지에서 배양한 칸디다 알

사진 : 공익사단법인 일본구강외과학회   비칸스

> 칸디다증은 칸디다 속 진균에 의한 피부 감염증을 말하는데, 몸의 여러 곳에서
> 발병한다. 입안이나 식도, 피부와 질 등 곳곳에 많이 나타난다.
> 칸디다균에도 종류가 많은데, C. 알비칸스(C. Albicans), C. 글라브라타
> (C. Glabrata), C. 파라필라시스(C. Parapsilosis), C. 트로피칼리스(C. Tropicalis)
> 등이 있으며, 칸디다증은 대체로 C. 알비칸스가 일으킨다. 칸디다증은 기회감염
> 원인균으로 컨디션이 나빠지면 몸의 어디에서든 생기는 위험한 질병이다.

여성 생식기의 칸디다증이란?

여성의 생식기에 생기는 질 칸디다증이라는 것이 있다. 여성 환자를 대상
으로 바이엘 약품이 조사하고 사토제약이 인터넷에 '질 칸디다증의 원인
과 증상'을 발표한 자료가 있어 인용한다.
데이터에 따르면, 5명 중 1명이 걸리며 여성의 40%가 재발한 경험이 있
다. 다른 제약회사의 조사 자료에서도 대략 20% 전후가 걸린 적이 있다
는 통계가 있다. 기회균이기 때문에 임신과 출산 등으로 호르몬 균형이
변화하거나 피로와 스트레스, 감기에 걸려서 면역력이 떨어지면 기회균
이 활발해진다. 무엇보다 걸리면 불쾌하므로 컨디션을 잘 조절하는 것이
중요하다.

질 칸디다증 환자 비율

데이터 : 바이엘약품
16세~54세 여성 n=509

질 칸디다증 재발 비율

데이터 : 바이엘약품
16세~54세 여성 n=1500

20 대변의 색과 모양으로 건강을 알 수 있다는데, 사실일까?

건강한 대변은 황토색에서 갈색이고, 바나나 모양이다

여러분은 매일 대변을 보고 있는가?

대변을 볼 때 상태를 확인해 보면 당신의 장내 세균의 모양이나 건강 상태를 알 수 있다.

과거에는 먹은 음식물이 채 소화하지 않은 것이 대변으로 배출된다고 여겼지만, 지금은 대변의 수분 이외의 대부분은 장벽 세포의 사체 및 장내 세균으로 보고 있다. 따라서 대변의 색이나 모양이 장내 세균의 상태나 장내 환경을 보여주는 바로미터가 된다.

음식이 소장에서 대장으로 이동할 때는 아직 액상이다. 이 상태에서 4~15시간을 보낸다. 그것이 걸쭉해지고 반고형 상태가 될 때까지 15~38시간 정도 걸리며, 반고형 상태에서 고형이 되는 데 12~24시간이 걸린다. 대장에 들어가고 나서 1~3일에 걸쳐 천천히 이동한다.

변의 색은 황토색에서 갈색이 일반적이며 이 색은 십이지장에서 분비되는 황갈색 담즙에 의해서 나타난다. 담즙이 장내 세균에 의해 대사되면 갈색으로 변화하며 황색에서 황갈색의 경우 유익균이 우세하다고 여긴다.

유익균(유산균 등)이 활발하게 활동하면 유기산을 생성하고 대장의 pH가 약산성으로 유지되며 담즙의 분비가 억제되어 황색으로 변한다.

반대로 유해균이 우세하면 장내의 pH가 상승하여 약알칼리성이 되면서 색이 거무스름해진다. 이 경우 단백질을 과도 섭취했다고 예상할 수 있다.

이외에도 녹색 변일 경우에는 급성 장염이 의심되며, 적색 변일 경우에는 대장암일 가능성이 있다고 한다. 또한, 검은색일 경우는 장관의 출혈을 의심해 볼 수 있다. 모양도 중요한데, 건강한 변은 바나나처럼 반유동 상태에 끓

기지 않고 배출된다.

설사를 한다면 감염증을 의심해야 한다. 반대로 딱딱하게 굳은 경우는 식이섬유가 부족하거나 스트레스의 영향 때문일 수 있다.

건강한 변은 건강한 장에서 배출된다. 건강한 장이라는 것은 건강한 장내세균에 의해 형성된다. 평소 식생활과 스트레스 등에 유의하면서 지내면 좋은 미생물이 증식하여 건강하게 생활할 수 있을 것이다.

일반 채소는 괜찮지만, 마늘이나 부추와 같은 향이 강한 채소는 유황을 함유하고 있어서 냄새의 근원이 된다. 단백질이 많은 육류도 악취를 만든다. 말하자면 장내 세균이 냄새에 영향을 준다는 얘기다.

회색 변 　검은색 변 　빨간색 변 　녹색 변

참고 : 변 셀프 체크 / 타이쇼제약

변의 색으로 몸의 상태를 알 수 있다. 보통의 변은 황토색에서 갈색이며, 유익균이 우세하다면 변은 황색에서 황갈색이다. 흰색이나 회색 변은 지방 과다 섭취로 소화불량을 일으켰거나 질병일 가능성이 있다. 검은색은 단백질 과다 섭취 또는 위장의 출혈, 빨간색은 대장암 또는 치질, 녹색은 급성 장염을 의심할 수 있다.

변이 나와도 잔변감이 있거나 배에 가스가 차고, 변이 딱딱해서 항문에서 나올 때 통증을 느낀다면 변비를 의심해볼 수 있다. 그런 상태라면 생활 리듬과 식생활을 개선하는 것이 좋다.

 변의 모양을 확인!

참고 : 브리스톨 변 성상 스케일

매우 느리다 약 100시간			
	1	굳은 변	딱딱하게 굳은 나무 열매와 같은 변
	2	딱딱한 변	몇 개의 덩어리가 달라붙은 소시지 모양의 변
소화관의 통과 시간	3	약간 딱딱한 변	소시지 모양에 표면이 갈라진 변
	4	일반 변	매끄럽고 부드러운 소시지 모양 또는 똬리를 튼 변
	5	약간 부드러운 변	반고형의 부드러운 변
	6	묽은 변	모양이 무너진 부정형의 진흙과 같은 변
매우 빠르다 약 10시간	7	물변	고형물이 없는 물과 같은 액상 변

※1997년 영국 브리스톨대학 히튼 박사가 주장한 대변의 모양과 경도(《Bristol Stool From Scale》)

21 방귀의 성분은 400종이나 된다는데, 사실일까?

냄새 나는 방귀는 단백질 과다 섭취로 나쁜 균이 증가했기 때문이다

미항공우주국(NASA)이 한때 우주선 같은 밀실 상태에서 방귀가 어떻게 생활에 영향을 주는지를 연구했다고 한다. 방귀에 포함된 가연성 가스가 발화하는 것이 아닐까 하는 생각이 실험의 계기였다.

그런데 그 결과는 어떻게 됐을까? 놀랍게도 방귀에서 400종의 성분이 검출되었다고 한다. 그 후에도 방귀에 관한 많은 연구 성과가 발표되었다. 그 결과 방귀의 대부분은 냄새가 없는 기체로, 이산화탄소, 수소, 질소가 대부분을 차지하고 있는 것으로 확인되었다.

냄새의 근원이 되는 것은 황화수소, 메탄티올, 디메틸설파이드 등의 유황 화합물과 아미노산 등이 원료가 되는 인돌 및 스카톨 등으로 밝혀졌다.

이들 물질의 함유량은 방귀의 1% 이하이지만, 방귀의 양과 횟수, 포함

냄새는 나지만 모습이 보이지 않는다

미국은 재미있는 나라다. NASA가 우주선 같은 밀실 상태에서 방귀를 뀌면 어떻게 될지를 연구하여 400종의 성분을 검출했다고 한다.

사람은 하루에 수회에서 50회 정도의 방귀를 뀐다고 하는데, 방귀 냄새의 근원은 황화수소, 메탄티올, 디메틸설파이드 등의 유황 화합물과 아미노산이 원료가 되는 인돌 및 스카톨이라고 한다. 특히 단백질 중에서 유황을 포함한 고기와 생선, 달걀, 콩류를 먹거나, 향이 강한 채소를 먹으면 냄새가 심해진다.

성분에는 개인차가 있는 것으로 보고되었다. 하루 중 수회에서 50회 정도, 100㎖에서 수ℓ의 방귀를 뀐다고 한다.

왜 이렇게 많은 방귀가 나오는 걸까? 사실 방귀 성분의 대부분은 음식물이나 음료와 함께 삼킨 공기이다. 밥을 먹거나 음료를 마실 때에 공기를 함께 삼키게 되는데, 일부는 트림이 되어 나오지만 그대로 소화관으로 옮겨지면 방귀가 된다. 원래는 공기이기 때문에 냄새가 없지만, 공기가 위장에서 소장, 대장으로 진행하면서 장내 세균이 발생하는 가스가 들어간다. 장내 세균 중 대장균이나 대다수의 유산균은 당분을 좋아한다. 사람이 소화할 수 없는 여러 가지 당을 분해하고 흡수하여 이산화탄소를 발생시킨다. 잘 알려진 것이 프락토올리고당과 식이섬유이다. 이러한 물질을 많이 섭취하는 식생활을 하면 유산균은 이런 당분을 먹어 점점 증식하는데, 이때 이산화탄소를 대량으로 토해낸다. 따라서 이른바 유익균이 가득한 장내에 있으면 방귀의 양

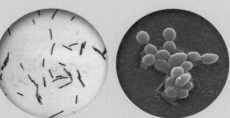

향이 나는 채소에는 알리신이라는 향이 강한 성분이 포함되어 있고, 이것이 유황 화합물이 된다. 육류의 단백질도 향이 나는 채소의 유황 화합물도 냄새의 근원이 된다.
유익균인 대장균과 유산균은 단백질의 분해 능력이 떨어지지만 유해균인 웰치균은 그 능력이 뛰어나다. 육류만 먹으면 웰치균이 활발하게 활동해서 대장에서 점점 증가하여 우세해진다. 그러면 단백질 내의 유황을 함유한 아미노산에서 황화수소 등의 냄새가 강한 휘발성 유황 화합물이 만들어지면서 냄새가 나는 것이다.

웰치균(유해균)　　　　**유산균(유익균)**

이 늘어난다. 하지만 이산화탄소는 냄새가 없기 때문에 이런 방귀는 냄새가 심하지 않다.

그러면 냄새 나는 방귀의 원인은 무엇일까?

냄새의 원인은 식품에 들어 있는 유황을 가진 물질이다. 단백질에는 유황을 포함한 메티오닌과 시스테인이라는 아미노산이 있다. 이러한 아미노산이 미생물에 의해 대사되면 황화수소, 메탄티올, 디메틸설파이드 등의 유황 화합물이 생성된다.

또한 부추와 마늘, 양파 같은 향미 채소에는 알리신이라는 향이 강한 성분이 포함되어 있다. 이것도 유황을 포함한 화합물이다. 피로 회복을 도와주는 성분이기는 하지만, 방귀에서 나는 냄새의 근원이기도 하다.

대장균이나 대다수의 유산균은 단백질을 분해하고 소화하는 것이 서툴다. 단백질을 분해하는 효소를 만들 수 없기 때문에 분해할 수 없다.

반면 성인의 대장에 많이 서식하는 웰치균(Clostridium perfringens)은 단백질을 분해하는 것이 특기이다. 많은 단백질 분해 효소를 배출해서 자신 주위의 단백질을 분해하는 동시에 다른 균은 할 수 없는, 아미노산을 이용하여 에너지를 만들어 증식하는 특별한 능력을 갖고 있다. 따라서 단백질이 많은 식생활을 하면 유산균과 같은, 이른바 유익균보다 웰치균과 같은 유해균이라 불리는 세균이 대장에서 우세한 위치에 있게 된다. 또한 단백질 속의 유황을 포함한 아미노산에서 황화수소 등의 냄새가 강한 휘발성 유황 화합물이 생성된다. 이런 냄새가 강한 가스가 식사를 할 때 함께 삼킨 공기에 섞여 방귀로 나올 때 냄새 나는 방귀가 된다.

단백질은 우리 몸을 지탱하는 중요한 영양소이므로 냄새 나는 방귀를 피하기 위해 단백질을 먹지 않는 것은 넌센스이지만, 걱정이 된다면 먹는 양을 조절하는 것이 좋다.

제 3 장

발효가 음식을 맛있게 하는 이유는 뭘까?

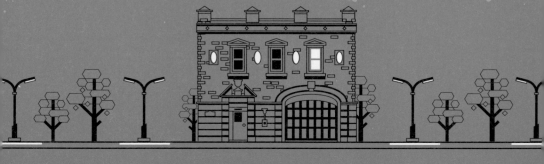

22 와인과 맥주, 사케는 발효가 만든다는데, 사실일까?

와인의 발효 방법과 맥주·사케의 발효 방법은 다르다

와인과 맥주, 사케는 양조주라 불리는 술이다. 모두 원료를 발효시켜 만들지만 원료에 따라 만드는 방법이 다르다.

와인처럼 과일인 포도가 원료인 경우 포도에는 포도당과 과당 등이 포함되어 있다. 이런 식물은 달콤한 과실을 맺으면 조류 등이 그것을 먹고 씨를 멀리 옮겨 자손을 남기게 된다. 따라서 이런 식물의 과실은 달콤하고 좋은 향이 나야 한다.

반면 맥주와 사케는 조금 다르다. 맥주의 원료는 맥아이다. 일본에서는 여기에 쌀을 조금 추가하기도 하지만 결국은 모두 곡물이다.

사케의 원료인 쌀 역시 곡물이다. 곡물은 과일과 달리 쌀알 주위에 달콤한 과육이 없고 포도의 씨앗에 해당하는 부분이 쌀과 보리이다.

씨앗은 다음 세대를 만들어내기 위해 힘껏 발아하여 싹을 틔우지 않으면 안 된다. 씨앗을 탈지면 위에 올리고 물만 주어도 발아할 수 있다. 하지만 잘 살펴보면 씨앗 안에는 그렇게 긴 뿌리와 줄기, 큰 잎 등은 들어 있지 않다. 발아할 때 식물이 새로 뿌리와 싹을 만들어내는 것이다.

발아를 하려면 많은 에너지가 필요한데, 그 에너지의 근원이 되는 것이 보리나 쌀 속에 들어 있는 전분이다. 전분은 그 상태 그대로는 달지 않다. 포도당이 수만, 수십만 개 결합한 거대한 분자이기 때문이다. 밥을 씹다 보면 점점 달게 느껴지는 것은 전분이 타액의 아밀라아제에 의해 분해되어 분자의 크기가 점점 작아지기 때문이다. 알코올 발효를 위해서는 효모가 이용되는데, 효모는 큰 전분을 먹을 수 없다. 따라서 미리 전분을 분해하여 포도당과 맥아당으로 바꾸어야 하며, 이 공정을 당화라고 한다.

당화 공정을 거쳐 발효를 시키느냐 원료를 그냥 발효시키느냐에 따라 양
조 방법이 다르다. 와인과 같이 과즙에 효모를 사용하여 그대로 발효시키는
방법을 단발효, 이렇게 완성된 술을 단발효주라고 한다. 반면 맥주나 사케처
럼 당화 공정과 발효 공정이 필요한 술을 복발효주라고 한다.

술쌀 / 야마다니시키 사진 제공 : stock foto

술쌀은 공식적으로 '주조 적합미'라고 해
서 대체로 식용 쌀보다 입자가 큰 것이
많다. 전분을 분해하여 당화해 두고, 효모
를 사용하여 알코올 발효시킨다. 일본의
대표적인 술쌀로 야마다니시키, 고햐쿠
만고쿠, 미야마니시키, 오마치가 있고, 그
밖에도 많이 있어서 지금은 120여 종의
술쌀이 등록되어 있다고 한다.

와인처럼 과즙을 효모로 곧바로 발효시켜 만드
는 방법을 단발효주, 맥주와 사케처럼 당화
시킨 후 발효시켜 만드는 것을 복발효주라고
한다.
잘 여문 포도 열매에는 포도당과 과당이 들어
있다. 그 과즙에 효모를 사용하여 발효시켜 와
인을 만든다.
일본에서는 니죠오무기(二条大麦)가 맥주 보
리로 재배되고 있다고 한다. 품종으로는 아마
기니조와 사치호골든은 동일본과 서일본, 미카
모골든은 동일본에서 재배되며, 그밖에도 여
러 품종이 있다. 보리의 씨앗을 발아시켜 효소
를 활성화하고 씨앗의 전분을 당화하여 맥
아당을 만든다.

59

프랑스 / 부르고뉴 지방 끌로 드 부조의 포도원

23 단발효로 와인을 만드는 이유는 뭘까?

비교적 간단하게 만든 와인이 가장 오래된 술이다

와인은 가장 오래된 발효 식품의 하나로 잘 알려져 있다. 포도는 캅카스 지방(흑해와 카스피해 사이)이 원산지라고 여겨지며 이곳에서 와인을 처음 만들었을 것으로 보고 있다.

과학적으로 분석한 결과, 기원전 6000년 조지아(옛 그루지야)의 유적에서 와인을 만드는 데 사용한 항아리가 발견되었다. 현재로서는 이것이 가장 오래된 와인을 제조한 증거이지만, 실제로는 토기가 있으면 와인 생산이 가능하기 때문에 더 오래전부터 와인을 만들었을 거라고 짐작하고 있다.

중국 허난성(河南省)의 지아후(賈湖)에서는 기원전 7000년경까지 쌀, 들포도, 꿀, 산사나무 등의 열매를 발효시키던 초벌구이 항아리가 발견되었는데, 이것이 가장 오래된 술에 관한 기록이라고 할 수 있다. 아마도 초벌구이 항아리와 병에 담아 놓은 포도가 어느새 껍질에 붙은 효모에 의해 발효가 시작되어 알코올이 만들어져 와인이 됐을 것이다. 같은 항아리에 또 다시 포도를 넣자 이전의 발효 시에 항아리 내부의 미세한 구멍에 남아 있던 효모가 보다 효율적으로 발효했을지도 모른다.

와인의 원료가 되는 성숙한 포도에는 주로 포도당과 과당이라는 당질이 포함되어 있다. 이들은 광합성에 의해 만들어진 자당이 인베르타아제(인버테이스)라는 효소로 분해되어 생긴 것이다. 이 두 당의 비율은 포도나무의 종류와 재배 지역 등에 따라 다소 다른 것 같다. 효모는 이 당을 먹고 알코올을 만들어 와인이 된다. 과당보다 포도당이 발효 속도는 빠르게 진행하지만 두 당이 동시에 있는 편이 효모의 알코올 발효에는 더 효과적이다.

포도에는 효모의 먹이가 되는 당이 존재하기 때문에 과즙에 효모를 첨가하기만 하면 발효가 시작된다. 이와 같이 원료에 원래 효모의 먹이가 되는 당분이 포함되어 있으며, 효모를 추가하는 것만으로 술이 만들어지는 것을 단발효주라고 한다. 발효만 하는 술이라는 의미이다. 물론 그것만으로 맛있는 와인이 완성되는 것은 아니다. 이런저런 노력과 연구 끝에 다양한 종류의 와인이 만들어지는데, 술을 만드는 방법으로 분류하면 가장 간단하다.

그래서 비교적 쉽게 만들 수 있는 와인 제조가 옛날부터 활발했을 것이다.

고대 그리스 키프로스섬(현, 키프로스공화국)의 마을 파포스에서 발견된 헬레니즘 모자이크. 술과 생명력의 신 디오니소스가 그려져 있다.

레드와인과 화이트와인의 제조 공정

참고 : 와인 미니 지식 / 파인즈

🍇 레드와인 제조 공정	🍇 화이트 와인 제조 공정
파쇄, 제경 (除梗)	파쇄, 제경 (除梗)
발효, 마세라시옹	압착
압착	발효, 마세라시옹
저장	저장
청징, 여과	청징, 여과
병입	병입
숙성	숙성
완성	완성

고대 이집트(이집트 신 왕국시대 / 제 18–20왕조)에서 BC1500년 전의 무덤에 그려진 포도 재배와 와인 제조를 그린 벽화.

고대부터 사람들은 애주가였다. 와인은 기원전 7000년경의 중국, 기원전 6000년경의 조지아(옛 그루지야), 기원전 5000년경의 고대 페니키아(현 레바논)와 현재의 이란, 기원전 4500년경의 그리스 등에서 만들어 마셨다고 한다. 다만 확실한 증거가 있는 것은 기원전 4100년 전의 아르메니아(흑해와 카스피해 사이)로 보고 있다. 그 무렵의 유적에서 와인 압착기, 발효조, 병, 컵과 유럽 포도의 씨앗이 발견되었다고 한다.

24 맥주를 만들 때 단행복발효를 이용하는 이유는?

젖은 보리빵이 19세기에 필스너 맥주로

맥주의 기원은 고대 메소포타미아에 남아 있다고 한다. 기원전 3000년경 노동자에게 배급하던 맥주의 양을 기록한 점토판이 발견되었다. 당시의 맥주는 건조한 보리 맥아를 갈아서 가루로 만들어 빵을 굽고 완성된 빵을 부숴 물을 넣어 자연 발효시킨 듯하다.

보리는 밀과 달리 볶거나 발아시켜 건조하지 않으면 쉽게 가루가 되지 않는다. 그래서 건조 맥아를 가루로 갈아 빵을 만들고 이것을 물에 담가 맥주로 만든 것이다.

당시의 맥주는 다양한 미생물이 자라난 보리빵 죽의 느낌이었을 것이다. 이것이 바빌로니아로 퍼져 나갔으며, 함무라비 법전에도 맥주에 관한 법률이 새겨져 있다. 이윽고 맥주는 이집트로 전해졌다. 이집트에서 피라미드를 만드는 노동자에게 맥주가 배급되었고, 이 맥주가 유럽으로 전해져 게르만족이 즐겨 마시게 됐다.

홉은 11세기 독일의 루페르츠베르크(Rupertsberg) 여자 수도원의 힐데가르데(Hildegardis) 원장이 처음 이용한 것으로 전해진다. 14세기가 되자 북부 독일의 아인벡(Einbeck) 지방이 최고의 맥주를 만드는 도시로 성장한다. 그러나 지금 세계적으로 가장 많이 마시는 연한색의 필스너 맥주는 1842년 보헤미아(현 체코령)의 플젠에서 만들어졌다.

현대의 맥주 제조에는 보리 맥아가 사용된다. 보리나 쌀 같은 곡물은 씨앗 그 자체이다. 씨앗이 발아하여 광합성이 가능할 때까지 에너지를 스스로 만들어내야 한다.

씨앗은 저장 물질로 전분을 축적하고 있다. 하지만, 알코올 발효 효모에게

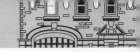

전분의 분자는 너무 커서 그대로는 먹지 못하고, 전분을 포도당과 같은 작은 당으로 분해하는 아밀라아제도 거의 분비되지 않는다. 알코올 발효하려면 전분을 분해하는 아밀라아제를 어딘가에서 조달하지 않으면 안 된다.

보리도 저장 전분을 발아 시에 이용하여 에너지로 바꾸어야 한다. 그래서 발아 시에 아밀라아제로 맥아당과 포도당으로 분해하는데, 실은 씨앗이 휴면하는 동안에는 아밀라아제가 거의 없다. 이것이 발아 시에 씨앗에서 대량의 아밀라아제가 만들어져 맥아에 아밀라아제를 많이 함유하게 되면서 전분을 분해한다.

맥주를 제조할 때는 맥아를 으깬 것과 뜨거운 물을 섞고 맥아의 아밀라아제를 사용하여 맥아 중의 전분을 분해하는 당화 공정을 거친다. 당화 후 맥주 찌꺼기를 제거하여 맥즙을 회수하고, 여기에 효모를 첨가하여 발효시킨다. 이처럼 당화 단계와 발효 단계가 명확하게 나뉘어 있는 발효 방식이 단행복발효이다. 한 단계 한 단계가 직선으로 줄지어 있는 식이다.

고대인은 맥주를 즐겨 마셨다

고대 이집트의 벽화에 그려진 맥주. 이집트에 맥주가 전파된 것은 기원전 3000년경에 수메르에서 보리 등의 곡물과 함께 전해졌다고 한다.

기원전 2050년의 메소포타미아 수메르에서 발견된 맥주의 수령을 기록한 점토판.

1842년 대표적인 맥주 필스너가 탄생한 체코 / 보헤미아 지방의 플젠

독일

폴란드

엘베강

플젠

★ 프라하

체코

보헤미아 지방

모라비아 지방

오스트리아

슬로바키아

다뉴브강

수메르인은 기원전 4000~3000년 전 무렵에 인류 최초로 문자 체계를 발명하였고, 그것이 점토판 시대에 들어 설형문자로 발전한 것 같다. 문자는 대체로 노예의 수와 가축이나 물품의 수, 토지의 면적을 측량하는 데 사용되었다. 수메르는 메소포타미아 남부 바빌로니아에서 융성한 가장 오래된 도시 문명으로, 도시는 지금의 이라크와 쿠웨이트 곳곳에 있다.

25 사케를 만들 때 병행복발효를 이용하는 이유는?

당화와 발효가 동시에 일어나는 독특한 양조

사케는 와인이나 맥주와는 다른 방식으로 양조된다. 효모는 전분을 그대로는 먹을 수 없다. 전분을 작게 분해하여 포도당과 맥아당 등으로 변환하면 먹을 수 있지만, 전분을 분해하는 효소를 균체의 바깥에서도 만들 수 없다. 따라서 전분을 분해해 주는 다른 요소가 있어야 알코올 발효가 가능하다. 사케를 양조할 때는 누룩이 분해하는 역할을 한다.

누룩은 누룩곰팡이라는 곰팡이를 찐쌀에서 기른 것이다. 누룩곰팡이는 찐쌀 위에서 번식할 때 대량의 아밀라아제를 만들어낸다. 그래서 누룩과 찐쌀과 물과 효모(사케의 경우는 밑술이라고 한다)를 빚어서 하나의 발효조 안에 주입하면 그곳에서 누룩의 아밀라아제가 쌀의 전분을 분해하여 포도당으로 바꾸고, 이 포도당을 효모가 먹어 알코올 발효한다.

전분을 포도당으로 바꾸는 당화 공정과 알코올을 만드는 발효 공정이 동시에 병행하여 일어나기 때문에 병행복발효라고 한다.

사케는 산단지코미[1] 등 독특한 제조 방법을 이용한다. 이것은 대규모로 술을 만드는 매우 좋은 방법이다. 한 번에 대량으로 술을 만들려고 해도 잘 되지 않는다. 그래서 처음에 전체의 20%에 미치지 못하는 작은 규모로 누룩과 찐쌀과 물과 밑술을 혼합하여 당화와 효모의 증식을 시작한다. 하루 동안 두면 당화가 진행하여 효모의 증식을 촉진한다.

다음날 진행되는 두 번째 공정에서는 대체로 처음 공정의 약 두 배에 달하는 누룩과 찐쌀과 물과 밑술을 추가하여 당화와 발효를 더 진행시킨다. 4일째의 마지막 과정에서는 세 배에서 네 배에 달하는 누룩과 찐쌀과 물과 밑술

1 三段仕込み, 사케를 만들 때 담금 과정 중 밑술에 쌀, 누룩, 물 등을 세 차례 첨가하는 것을 말한다_역자 주

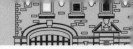

을 추가한다. 이렇게 하면 모로미[2]가 완성되고, 그 후 2주 정도 효모가 계속해서 증식한다. 누룩곰팡이는 모로미 속에서는 산소가 없기 때문에 살아갈 수 없다. 누룩곰팡이가 만든 효소만 기능한다. 특히 아밀라아제가 찐쌀의 전분에서 포도당을 만들고, 이를 효모가 먹고 성장한다. 모로미 속에서는 효모가 증식하는 것과 함께 알코올도 생산되어 점차 알코올 농도가 상승하고, 최종적으로는 20%에 육박한다. 이것은 양조주 중에서는 알코올 농도가 가장 높다.

하지만 처음부터 이런 고농도 알코올을 만들기 위해 단행발효와 단행복발효를 하려고 하면 발효 전 당액의 농도가 너무 높아서 효모가 증식할 수 없다. 조금씩 효모의 먹이가 공급되기 때문에 최종적으로 이 농도에 도달할 수 있는 것이다.

---

2 もろみ, 사케를 빚는 주조 과정 중 걸러내기 전의 걸쭉한 밑술 상태_역자 주

일반주와 특정 명칭주

애주가의 혀가 즐거운 사케

단순히 사케라고 하면, 합성주나 미림도 포함되어 있다. 그래서 여기서 말하는 사케란 청주를 말한다. 청주는 '쌀을 반드시 사용하고 여과하는 공정이 있는 술'을 말하며, 일반주와 특정 명칭주로 나눌 수 있다. 일반 청주는 쌀, 쌀누룩, 물을 반드시 사용해야 하지만, 그중에서도 일반주는 정미 비율 70% 이상, 그 외의 특정 명칭주로 8종류가 있다. 정미 비율이란 정미에서 표면을 깎은 비율을 말한다. 그래서 정미 비율 70%는 정백률이 30%, 즉, 정미의 표면을 30% 깎은 정백률의 쌀을 말한다.

본양조주	정미 비율 70% 이하	양조 알코올 첨가
특별본양조주	정미 비율 60% 이하 / 특별한 제조 방법	양조 알코올 첨가
순미주	정미 비율 60% 이하 / 특별한 제조 방법	양조 알코올 첨가 없음
특별순미주	정미 비율 60% 이하 / 특별한 제조 방법	양조 알코올 첨가 없음
음양주	정미 비율 60% 이하	양조 알코올 첨가
순미음양주	정미 비율 60% 이하	양조 알코올 첨가 없음
대음양주	정미 비율 50% 이하	양조 알코올 첨가
순미대음양주	정미 비율 50% 이하	양조 알코올 첨가 없음

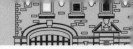

사케를 만들 때 병행복발효를 이용하는 이유는?

26 누룩곰팡이가 된장과 간장을 만들어내는 원리는?

누룩곰팡이가 단백질을 분해하여 맛을 생성한다

학명에서 누룩곰팡이(麴黴)라는 것은 일본균학회에서는 아스페르길루스(Aspergillus) 속 전체를 가리킨다. 아스페르길루스 속에는 누룩을 만드는 곰팡이도 있지만, 곰팡이 독을 생산하는 곰팡이도 포함되어 있기 때문에, 누룩을 만들 때 사용되는 것은 황국균(Aspergillus oryzae)이나 흑국균(Aspergillus awamori), 현재는 백곡균(Aspergillus luchuensis) 등 곰팡이 독을 만들지 않는 일부 균에 한정되어 있다. 그래서 곰팡이 독을 만드는 아스페르길루스와 구별하기 위해 누룩을 만드는 데 사용되는 곰팡이를 누룩곰팡이라고 부른다.

누룩은 다양한 용도로 사용되고 있다. 전통 조미료인 된장이나 간장을 양조할 때도 누룩을 사용한다. 된장이나 간장을 양조할 때 사용되는 누룩곰팡이는 술을 만들 때와는 조금 다른 일반적인 성질이 필요하다. 바로 단백질을 분해하는 능력이다.

된장을 만들 때는 누룩을 사용하는데 쌀된장에는 쌀누룩, 보리된장에는 보리와 쌀보리의 보리누룩, 콩된장에는 콩누룩이 사용된다. 쌀된장과 보리된장에는 찐 대두가 추가된다. 각각을 으깨서 소금을 넣고 고체 상태로 발효시킨다.

한편 간장의 원료는 대두와 소맥이다. 대두는 찌고 소맥은 볶는다. 이 둘을 섞어 누룩곰팡이를 넣어 간장누룩을 만든다. 간장누룩에 식염수를 넣어 모로미를 만든다. 모로미를 발효시켜 짜낸 것이 생간장이다.

된장도 간장도 발효되는 동안에는 누룩곰팡이가 만든 단백질 분해 효소(펩티다아제)에 의해 대두의 단백질이 분해된다. 그 결과 작은 펩티드와 아

미노산으로까지 분해된다. 이 아미노산과 펩티드가 맛의 근원이 된다. 아미노산의 하나인 글루타민산이 맛의 근원이라는 것은 잘 알려진 사실이지만, 20종류의 아미노산은 각각 독특한 맛이 있기 때문에 아미노산이 어떤 식으로 배합되어 포함되어 있는지가 맛에 관여하고 있다. 그래서 된장이나 간장을 만들 때는 단백질 분해 효소를 많이 만드는 누룩곰팡이를 선호한다. 또한 사케 제조에 사용하는 누룩곰팡이와 마찬가지로 아밀라아제를 생산하고 전분을 분해하기 때문에 효모와 유산균 등 다양한 미생물이 증식할 수 있다. 이러한 미생물이 만드는 젖산과 다른 유기산, 알코올이나 향기 성분이 된장이나 간장의 맛과 향기를 내는 데 관여한다.

일본의 누룩곰팡이

된장을 원료(누룩)에 따라 분류하면 핫쵸미소(Hatcho Miso, 다른 일본식 된장(미소)과는 달리 핫쵸미소는 오직 대두와 소금만으로 만든다_역자 주)인 마메미소(豆味噌, 콩된장), 규슈와 세토나이의 무기미소(麦味噌, 보리된장), 신슈나 센다이, 아이즈, 에도 등의 코메미소(米味噌, 쌀된장)가 있다. 색으로 분류하면 아카미소(赤味噌), 단쇼쿠미소(淡色味噌), 시로미소(白味噌)가 있다. 유통되는 된장의 80%는 쌀된장이다.

간장도 지방색이 강하다. 간사이 등 서일본에서는 담백한 간장을, 규슈와 호쿠리쿠 등은 단맛 간장을 선호하며, 홋카이도에서 오키나와까지 전국적으로는 진한맛 간장이 일반적이다. 여기에 된장이나 간장에 사용되는 누룩곰팡이는 2006년 일본양조협회대회에서 국가균에 지정됐다고 한다.

일을 해야 해

황국균

원료별 일본식 된장의 종류

무기미소	코메미소	마메미소	아와세미소
(麦味噌, 보리된장)	(米味噌, 쌀된장)	(豆味噌, 콩된장)	(合わせ味噌, 조합미소)
대두와 보리 또는 쌀보리를 발효시켜 숙성	대두와 쌀을 발효시켜 숙성	콩만을 발효시켜 숙성	두 종류 이상의 된장을 혼합한 것

맛과 색깔별 일본식 된장의 종류

단쇼쿠미소	아카미소	시로미소

27 초산 발효가 비니거와 식초를 만들어내는 원리는?

알코올 발효로 만든 술이 초산균의 힘으로 식초로 변화

식초의 원료가 무엇인지 알고 있는가?

정답은 알코올이다. 곡물식초, 쌀식초, 사과식초 등이 있는데, 이러한 원료를 일단 알코올 발효시켜 술을 만든다. 각 원료에서 생긴 술로 초산균을 길러서 식초를 만든다. 곡물식초와 쌀식초는 누룩을 사용하여 누룩곰팡이의 아밀라아제에 의해 저장 전분을 포도당으로 분해하거나 맥아의 효소로 맥아당과 포도당으로 분해한다. 또 당화 효소만을 채취하여 사용하는 경우도 있다.

효소의 작용으로 생긴 포도당과 맥아당을 효모가 먹어 알코올 발효한다. 만들어진 알코올 발효액을 여과한 것에 종초(種酢)라고 하는 초산균을 배양한 것을 추가한다. 종초에는 순수 배양한 것과 식초를 만들 때에 좋은 모로미를 사용하는 경우 등이 있다. 식초의 제조에 사용하는 초산균은 주로 아세토박터 아세티(*Acetobacter aceti*)와 아세토박터 파스퇴리아누스(*Acetobacter pasteurianus*)이다.

한편, 사과식초 등 과일 식초의 경우는 과실에서 과즙을 짜서 효모를 넣어 알코올 발효시켜 과실주를 만든다. 과실주에 초산균을 첨가하여 초산 발효시키면 과일식초가 된다. 포도식초(와인 비니거)의 경우, 포도주를 만들어 초산 발효시키므로 포도주처럼 빨간색과 흰색 두 종류가 있다.

중국에서 전해오는 오래된 방법에 항아리 식초라는 것이 있다. 항아리 속에 찐쌀과 누룩과 물을 넣는데, 이때 건조한 누룩을 액체 표면에 띄운다. 뚜껑을 덮어 햇볕이 잘 드는 장소에 늘어놓으면 처음에 액체 표면에서 누룩곰팡이가 증식하여 액체 면을 덮는다. 증식한 누룩곰팡이의 효소로 당화가 진행된다. 효모의 작용으로 알코올이 만들어지고, 마지막에 초산균이 작용해서 초산이 된다. 효모와 초산균은 여러 번 같은 항아리를 사용하는 사이에 항아리 속에 들러붙기 때문에 일부러 첨가하지 않아도 된다. 이 방법은 당화와 알코올 발효와 초산 발효 작업이 하나의 용기 속에서 동시에 진행된다.

식초를 만들 때 유해한 미생물로서 아세토박터 자일리늄(*Acetobacter xylinum*)이라는 식초균의 동료가 있다. 이 균도 초산을 만들지만, 두꺼운 셀룰로오스 막도 만들어 버려 초산의 생성 속도를 늦추는 데다 기껏 만들어진 초산까지 분해한다. A.자일리늄이 만드는 셀룰로오스 막이 나타드코코(nata de coco)가 된다. 이 셀룰로오스는 식물 유래의 셀룰로오스보다 섬유가 훨씬 가늘기 때문에 매우 얇고 튼튼한 셀룰로오스 시트를 만들 수 있어 박테리아 셀룰로오스라고 불리며 다양한 이용법이 연구되어 있다.

다양한 종류의 식초

식초도 여러 종류가 있는데, 일본에서는 곡물식초, 초밥식초, 쌀식초, 흑초가 일반적이다. 식초의 역사도 대체로 오래됐다. 기원전 5000년경 메소포타미아 바빌론에서 대추야자나 건포도로 식초를 만들었다고 하며, 일본에서는 제15대 오우진 천황(재위 270~310년) 시절에 당시의 이즈미국(현재의 사카이시 부근)에 중국으로부터 식초 제조가 전해졌다고 한다.

항아리 식초
항아리 속에 재료를 넣고 햇볕만으로 발효시켜 만드는 항아리 식초. 당화와 알코올 발효와 초산 발효를 하나의 항아리 속에서 동시에 진행하여 흑초를 만든다.
사진 제공 : 사카모토양조주식회사

허브 식초
사진 : Libby.A.Baker

초산균
사진 제공 : 큐피주식회사

다양한 종류의 비니거

왼쪽에서부터 발사믹 식초와 빨간색과 흰색의 비니거. 비니거에는 이외에도 셰리주 비니거, 샴페인 비니거, 라즈베리 비니거, 타라곤 비니거 등이 있다.
사진 : Riner Zenz

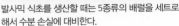

발사믹 식초를 생산할 때는 5종류의 배럴을 세트로 해서 수분 손실에 대비한다.

28 젖산 발효가 치즈를 만들어내는 원리는?

산에 의해 우유 성분이 침전해서 굳어 치즈가 된다

치즈의 기원은 분명하지 않지만 지중해와 흑해, 카스피해 사이에 있는 지역에서 산양과 양 등의 목축이 기원전 8500년경, 소 목축이 기원전 7000년경에 시작된 것으로 보고 있다. 기원전 6500년경에는 젖을 채취할 수 있도록 가축이 개량되었다. 같은 시기에 병이나 항아리 등 토기의 제조가 발달하여 남은 우유를 저장할 수 있게 되었을 것이다.

이 무렵 젖산을 만드는 세균이 우유 내에서 증식하여 젖산 발효하고, 산에 의해 우유의 단백질 성분이 침전하여 굳어졌다. 이것이 치즈의 시초가 아닐까 짐작된다. 현재 사워밀크 또는 이것을 짜낸 프로마쥬 블랑(Fromage blanc)과 퀴크(Quark)와 같은 것이었을 것이다.

당시 성인인 목축업자들은 우유에 함유된 유당(락토스)을 소화하지 못하고 장내 세균이 이상 발효하여 설사와 복통을 일으키는 유당불내증(乳糖不耐症)을 겪었다. 그런데 젖산 발효로 만든 고대의 치즈는 유당이 세균에 의해 소비되고, 남은 유당도 상층액에 녹아 있기 때문에 치즈를 먹어도 복통을 일으키지 않았다. 기원전 6000년까지는 지중해 동쪽에서 메소포타미아 일대에 빠르게 치즈 제조가 확산되었다.

현재 대부분의 치즈는 우선 유산균 등으로 우유를 산성으로 만들고 산성에서 기능하는 키모신(Chymosin)이라는 응유(凝乳) 효소를 사용하여 만든다. 우유에는 영양분이 되는 대량의 단백질이 녹아 있다. 키모신은 우유 단백질의 분해를 안정화하는 카파 카제인(K-casein)이라는 단백질의 한 곳만을 분해하여 우유에 녹아 있는 단백질을 불안정화해 침전시키는 기능을 한다. 이 효소는 생후 몇 개월 가량의, 젖만 먹은 송아지나 새끼양 등의 위 내막에서

추출된다. 어떤 이유에서 이 효소를 사용하게 되었는지는 확실하지 않지만, 오래전부터 제물로 젖먹이 양 등을 바친 것과 관계가 있을지도 모른다.

　새끼양 등의 위 속에서 젖이 굳어져 있는 것을 발견하고, 이 젖을 새로운 젖에 첨가하거나 위의 일부를 젖에 담그면 천연으로 존재하는 세균의 작용으로 젖이 산성이 되고, 또 다시 키모신의 작용으로 치즈가 만들어졌을 것으로 예상된다.

　현대의 키모신은 송아지의 제4위에서 추출한다. 그러나 1960년대 들어 전 세계적으로 치즈 수요가 높아져 키모신이 부족했다. 그래서 미생물 기원의 키모신을 적극적으로 찾던 일본 연구진에 의해 무코르 퓨실루스(*Mucor pusillus*, 현재는 *Rhizomucor pusillus*)라는 곰팡이가 응유 효소를 만드는 것을 알게 되어 미생물 키모신으로서 전 세계에서 사용되고 있다. 또한 유전자 변형에 의해 송아지 키모신도 만들어지고 있으며, 역시 전 세계에서 판매되고 있다.

로마 카사나텐세 도서관에 소장되어 있는 『건강 전서(Tacuinum Sanitatis)』의 삽화에 그려진 치즈 제조(14세기) 모습. 이 책은 11세기의 아랍인 네스토리우스파 기독교인 의사 이븐 부뜰란(Ibn Butlân)이 저술한 양생훈의 사본이다. 당시 아랍은 유럽보다 과학이 발달했다.

자연 치즈의 종류

① 프레시 치즈	연질에 비숙성	크림, 코티지 등 12종류 정도
② 흰 곰팡이 치즈	연질에 흰 곰팡이 숙성	카망베르, 브리 드 모 등 3종류 정도
③ 워시치즈	연질에 세균 숙성	에푸아스, 리바로, 숌 등 6종류 정도
④ 셰브르치즈	곰팡이와 세균 숙성	생트 모르 드 투랜, 발랑세 등 3종류 정도
⑤ 블루치즈	완만하게 푸른곰팡이로 숙성	스틸톤, 고르곤졸라, 로크포르 등 4종류 정도
⑥ 세미하드 치즈	세균 숙성	체다, 고다, 프로볼로네 등 6종류 정도
⑦ 하드 치즈	세균 숙성	페코리노 로마노, 파르미자노 레자노 등 10종류 등

29 유산균이 요구르트를 시게 하는 원리는?

산성에 의해 부패균의 증식을 억제하고 보존성을 향상한다

요구르트와 치즈가 처음 만들어진 것은 거의 같은 시기라고 예상된다. 모두 젖산을 만드는 세균의 작용으로 만들어지므로 처음에는 딱히 구별하지 않았던 것으로 보인다. 병이나 항아리에 저장했던 우유에 유산균이 들어가 증식한 결과 젖산이 생산되고 산성의 영향으로 우유의 단백질이 응고했을지도 모른다. 산성이 됨으로써 다른 부패균이 증식하지 못하고 보존성이 높아진 것이다.

요구르트는 인도, 네팔, 몽골, 중앙아시아, 중동, 터키, 그리스, 불가리아, 러시아, 북유럽으로 목축과 더불어 확산되었다. 기원전 2000년경의 수메르 신화에도 요구르트에 대해 언급된 것을 확인할 수 있다.

일본에서는 나라 시대 무렵부터 낙(酪)이라고 하는 요구르트가 있었을 것이라 추측되며, 헤이안 시대의 '왜명류취초(倭名類聚抄)'에 그 이름이 등장한다.

유럽과 미국에서는 FAO(국제연합식량농업기구)와 WHO(세계보건기구)가 정한 국제식품규격에 따라 유산균인 불가리아젖산간균(*Lactobacillus bulgaricus*, 현재는 *Lactobacillus debrueckii subsp. bulgaricus*)과 스트렙토코커스 써모필러스(*Streptococcus thermophilus*) 두 종류로 만들어진 것을 요구르트라고 정의하고 있고, 모든 젖산간균 속과 스트렙토코커스 써모필러스로 발효한 것을 대용 요구르트로 보고 있다.

전통적인 유럽의 요구르트에 사용되는 불가리아젖산간균(*L. bulgaricus*)과 스트렙토코커스 써모필러스(*S. thermophilus*)는 공생 관계에 있다. 스트렙토코커스 써모필러스가 처음에 개미산(포름산)을 만들고, 이 개미산을 이용하여 불가리아젖산간균이 증식한다. 불가리아젖산간균은 단백질 분해 효소를

생산하고 우유의 단백질을 분해하여 아미노산과 펩티드를 만들고, 이것을 스트렙토코커스 써모필러스가 이용해서 증식한다. 그야말로 윈-윈 관계인 것이다.

또한 불가리아의 일부에서는 자생하는 서양산수유(Cornus mas)라는 식물의 가지와 잎을 우유에 첨가하여 요구르트를 만드는 전통적인 방법이 있다. 서양산수유 등 불가리아에 자생하는 식물에서 분리한 불가리아젖산간균과 스트렙토코커스 써모필러스는 시판 요구르트를 만드는 균과 다르지 않다고 보고되었다. 이러한 자연균이 옛날부터 요구르트 제조에 관여했던 것이다.

러시아의 노벨상 학자 메치니코프가 불가리아를 방문하여 불가리아 사람들이 장수를 하는 이유가 요구르트를 먹고 있기 때문이라는 설을 발표하면서 유럽에서 요구르트가 인기를 끌었다. 현재는 프로바이오틱스로 뱃속 상태를 정리하고 장내 환경을 개선하는 등의 효과가 있다고 인정받아 전 세계에서 섭취하고 있다.

요구르트를 만드는 두 가지 유산균

FAO(국제연합식량농업기구)와 WHO(세계보건기구)가 설정한 국제식품규격에 의해 결정된 요구르트용 유산균. 이 두 종류만 요구르트 생성균으로 인정받고 있다.

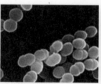

써모필러스균

불가리아균

유산균 락토바실러스 속

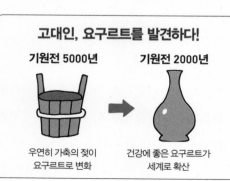

고대인, 요구르트를 발견하다!

기원전 5000년

우연히 가축의 젖이 요구르트로 변화

기원전 2000년

건강에 좋은 요구르트가 세계로 확산

30 초콜릿이 발효식품이라고?

카카오 콩을 발효한 발효 코코아 콩이 초콜릿으로 변화

초콜릿은 기호식품일 뿐만 아니라 건강식품으로도 주목받고 있다. 초콜릿은 카카오 씨앗으로 만들며 카카오나무의 원산지는 중남미이다. 적어도 기원전 2000년경 멕시코에서 중앙아메리카 북서부에서 약용이나 기호품으로 이용되었을 것으로 보고 있다.

15~16세기에 걸쳐 스페인이 이 지역에 진출하여 카카오 이용법을 유럽에 들여왔다. 당시 초콜릿 음료가 상류층에서 유행했다. 19세기가 되자 다양한 방법으로 개량되어 달콤한 고형 초콜릿과 밀크초콜릿이 만들어졌고 일반에 널리 퍼지게 되었다. 아프리카, 동남아시아 등 서구 열강의 식민지에도 카카오 산지가 확산되면서 카카오 생산이 활발해졌다.

카카오의 열매를 수확한 후 딱딱한 외피(cacao pod)를 가르면 안에는 물기를 포함한 하얀 목화 같은 펄프라는 과육에 싸인 카카오 콩이 들어 있다. 과육에 싸인 콩을 꺼내 바나나 잎으로 감싸거나 상자에 넣어 발효시킨다. 자연스럽게 붙어 있던 미생물에 의해 발효가 시작된다.

카카오 펄프는 설탕과 산을 포함하고 있어 새콤달콤한 맛이 난다. 수분기 있는 펄프가 붙은 상태로 쌓여 있기 때문에 내부까지 공기가 닿지 않는다. 산성 성분이라서 이러한 조건에서도 생육할 수 있는 효모가 증식하여 알코올 발효한다.

차츰 펄프가 분해되어 내부까지 공기가 들어가면 유산균이 증식하여 왕성하게 젖산을 만들어낸다. 이 단계에서 콩을 교반하면 전체에 산소가 돌아 호기적 초산균이 증식하기 시작한다. 발효 중에 온도가 최대로 상승하면 50℃에 달한다. 동시에 초산균의 작용으로 알코올에서 초산이 생산되는데,

온도가 높고 초산이 침투하여 카카오 콩은 발아할 수 없게 된다.

점차 온도가 내려가 다양한 호기성 세균과 곰팡이 등이 자라난다. 발효 공정은 기온이 높은 지역에서 진행되기 때문에 불과 3~5일 정도에 끝나지만, 발효를 정지시키기 위해 잘 건조시켜야 한다. 다 건조될 때까지 표면에 묻은 세균의 작용으로 저분자 지방산 등 다양한 냄새 성분을 생성하고 건조가 끝나면 출하한다.

카카오 콩도 발효 중에 효소 반응이 일어나는데, 쓴맛을 가진 탄닌의 산화, 저장 단백질의 분해에 의한 아미노산의 유리(遊離) 등이 그것이다. 아미노산은 카카오 콩을 볶을 때 나타나는 향기의 근원이 된다. 출하된 발효 코코아 콩은 초콜릿 공장으로 옮겨 볶는다. 이 단계가 초콜릿의 맛, 향기를 만들어내는 데 매우 중요하다. 카카오 콩 속의 아미노산과 당이 반응하여 진한 색상과 고소한 향기를 만들어내는 마이야르 반응(Maillard reaction)이 일어난다. 볶은 카카오를 분쇄하고 껍질을 제거하고 으깨면 카카오 알갱이(Cacao mass)가 된다. 여기에 각종 원료를 첨가하여 초콜릿을 만드는 것이다.

발효에 관여하는 미생물은 산지, 발효 농가, 공장 등에 따라서 전혀 다르다. 따라서 카카오 콩의 산지에 따라 향과 산미 등 고유의 특징이 생겨난다. 이런 특징들을 조합하는 방법으로 독특한 초콜릿이 만들어져 공급된다.

카카오나무와 카카오 열매

카카오 열매 안의 카카오 콩

75

초콜릿이 발효 식품이라고?

신대륙 아메리카를 침략한 정복자

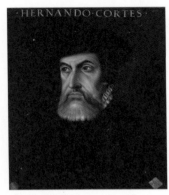

에르난 코르테스(1485~1547년)

1492년 콜럼버스가 신대륙에 첫발을 디딘 이후 15~17세기에 걸쳐 당시 유럽의 최강국 스페인 탐험가들이 신대륙으로 건너가 정복자로서 역사에 이름을 새긴다. 1521년 아즈텍 제국(현 멕시코)을 정복한 코르테스(Hernán Cortés), 1532년 잉카 제국을 정복한 프란시스코 피사로(Francisco Pizarro)는 대표적인 정복자였다.

카카오 열매는 콜럼버스가 제4차 항해(1502년) 당시 현 온두라스 부근에서 입수해서 스페인으로 가져갔지만 이용법은 알지 못했다. 아즈텍에서 카카오의 사용법을 알게 된 코르테스는 설탕과 향신료를 첨가하여 초콜릿 토르(초콜릿)를 만들었는데, 스페인 상류층에서 인기가 있었다.

카카오 콩의 생산량 순위

카카오의 원산지는 메소아메리카(Mesoamerica, 속칭 중미)에서 번성했던 문명 아즈텍과 마야, 테오티우아칸 등으로, 기원전 1900년경부터 이용되었다고 한다.

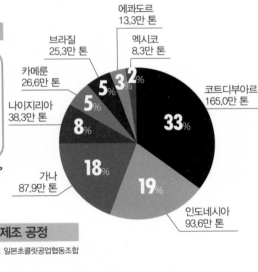

에콰도르 13.3만 톤
멕시코 8.3만 톤
브라질 25.3만 톤
카메룬 26.6만 톤
나이지리아 38.3만 톤
가나 87.9만 톤
코트디부아르 165.0만 톤
인도네시아 93.6만 톤

33%
19%
18%
8%
5%
5%
3%
2%

초콜릿 제조 공정

원료
카카오 콩

참고 : 일본초콜릿공업협동조합

선별 클리너 ▶ 배초 로스터 ▶ 분리 세퍼레이터 ▶ 배합 블렌더 ▶ 마쇄 그라인더 ▶ 혼합 믹서 ▶ 미립화 리파이너 ▶

▶ 정제 콘체 ▶ 온도조절 템퍼링 머신 ▶ 충진 몰더 ▶ 냉각 클리닝 터널 ▶ 성형 디몰더 ▶ 검사/포장 래핑 머신계 ▶ 숙성 정온 창고

완성

31 미생물 덕분에 가다랑어포를 만들 수 있다고?

유해균을 몰아내 수분을 제거하고 지방을 분해하는 곰팡이

가다랑어는 일본에서 예로부터 먹었다. 일본 아오모리현 (青森県) 하치노헤시(八戸市)의 조몬 시대 초기의 패총에서 출토된 다양한 뼈 속에도 가다랑어 뼈가 발견되었다. 후지와라쿄(藤原京) 유적에서 출토된 목간 (木簡)[1]에는 임금에게 바친 헌상품의 이름에 '살아있는 가다랑어(生堅魚)'라는 문자를 볼 수 있어 당시의 궁정에서도 가다랑어를 먹었던 것으로 추정된다.

718년에 반포된 양로율령(養老律令)에는 조용조(租庸調)[2] 속에 카타우오 (堅魚)[3], 니카타우오(煮堅魚)[4], 카타우오이로리(堅魚煎汁)[5]라고 기록되어 있고, 헤이안시대의 연희식(927년)에는 10개국에서 헌상됐다고 기록되어 있다. 니 카타우오란 가다랑어를 삶아 말린 것으로, 현재와 같이 살아 있는 채로 말리 는 기법이 구축되었던 것으로 여겨진다.

현재 가다랑어포 제조법은 에도시대 전기에 완성된 것으로 전해지고 있 다. 전통적인 제조법을 다음 페이지의 표에 기재하였으니 참고하기 바란다.

그런데 지금의 많은 가다랑어포 공장에서는 자연스럽게 자라나는 상자나 창고에 정착되어 있는 곰팡이가 아니라, 가다랑어포에서 분리된 곰팡이를 배양한 것을 사용한다. 온도와 습도를 제어한 실내에서 원하는 곰팡이만을 길러내 품질을 일정하게 유지하고 있다. JAS(일본농림규격)의 정의에서는 곰 팡이를 두 번 피운 것을 카레부시(枯節), 곰팡이를 세 번 이상 피운 것을 혼카 레부시(本枯節)라고 구분하고 있다.

---

1   종이가 발명되기 이전에 죽간과 함께 문자 기록을 위해 사용하던 목편_역자 주
2   중국의 수·당나라 때에 완성된 조세 체계_역자 주
3   가다랑어를 말린 것_역자 주
4   가다랑어를 삶은 후 말린 것_역자 주
5   니카타우오를 끓인 국물을 바짝 졸인 것_역자 주

그런데 혼카레부시는 발효식품이지만, 곰팡이를 피우지 않은 나마리부시(生り節)[6]와 아라부시(荒節)는 발효식품이 아니다.

전통적인 제조법으로 만든 가다랑어포의 제조 공정에서는 20여 종의 곰팡이가 발견된 것으로 보고되고 있다. 아스페르길루스 굴리아쿠스(*Aspergillus glaucus, = Eurotium herbariorum*), 아스페르길루스 리펜스(*Aspergillus repens, = Aspergillus pseudoglaucus*) 등이다. 이들이 주요 곰팡이로 관여하는 것으로 보인다.

배양된 것을 사용하는 경우는 *E. herbariorum* 곰팡이를 이용하는 곳이 많다. 이러한 곰팡이는 다른 유해한 균의 침입을 방지하고 균의 번식에 의한 수분을 제거하는 작용을 촉진하며 지방을 분해하는 역할을 한다. 가다랑어포가 수분이 매우 적고(15% 이하) 말도 안 되게 굳어지거나 가다랑어포로 국물을 내도 기름이 떠오르지 않는 것은 곰팡이의 작용에 의한 것이다.

---

6 찐 가다랑어 살을 설말린 식품_역자 주

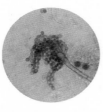

아스페르길루스 굴리아쿠스
사진 : 카에토미움(Chaetomium)의 여왕

효모 추출물 한천 플레이트에서 배양해서 성장하는 아스페르길루스 슈도글라우쿠스(Aspergillus pseudoglaucus)

효모 추출물 스크로스 한천 플레이트에서 배양해서 성장하는 아스페르길루스 슈도글라우쿠스(Aspergillus pseudoglaucus)

가다랑어포의 전통 제조 공정

① 너무 지방이 많지 않은 가다랑어를 선택한다.

② 머리를 잘라 3등분하고, 다시 복부와 등쪽으로 나누어 하나의 가다랑어에서 네 개로 포를 뜬다.

③ 자른 가다랑어를 70~95℃의 끓는 물에 1시간 정도 삶는다. 그런 다음 식히거나 물에 담가 냉각한 후 뼈를 발라낸다.

④ 뼈를 발라낸 몸통을 바구니에 나란히 정렬하여 훈증실에서 배건(焙乾)하여 표면의 수분을 없앤다.

⑤ 뼈를 제거하면서 손상된 부분을 가다랑어로 으깬 살로 다듬는다. 다듬은 몸통은 가시나무, 졸참나무, 상수리나무, 전나무, 빗나무 등의 장작으로 1일 1시간, 85℃ 전후에서 배건(훈건, 燻乾)한다. 이 과정을 5회 반복한 후 낮은 온도에서 훈건을 더 반복한다.

⑥ 낮은 온도에서 7~8회 훈제 건조한 것을 아라부시(荒節), 그보다 적으면 와카부시(若節), 많으면 카레부시(枯節)라고 한다.

⑦ 횟수가 많을수록 표면에 그을음이 붙어 검어지고 타르 성분이 고착하여 견실하게 된다.

⑧ 아라부시와 카레부시를 상자에 넣고 2~3일 두면 여분의 수분과 지방이 표면에 스며 나오고, 표면이 약간 부드러워지면 표면의 타르 성분째 깎아낸다.

⑨ 이것을 햇빛에 말려 나무상자나 창고에 넣어 1~2주 저장하면 포 표면 전체에 녹색 곰팡이가 자란다. 이것을 첫 번째 곰팡이라고 부른다.

⑩ 곰팡이가 자란 부분을 제거하고 이틀간 햇볕에 건조하여 솔 등으로 곰팡이를 쓸어내고 바람을 맞은 후 곰팡이 부착 용기에 넣어 뚜껑을 덮고 다시 2주 정도 두면 이번에는 쥐색의 두 번째 곰팡이로 뒤덮인다. 두 번째 곰팡이로 만든 것이 카레부시이고, 여섯 번째 곰팡이까지 반복한다.

혼카레부시 완성!

천연 식품의 맛 성분 양 (단위 : mg / 100g)

식품에 따라서 맛 성분은 상당히 다르다. 게다가, 이노신산과 구아닐산은 손이 많이 가면 맛 성분은 증가한다. 니보시[7], 가다랑어포, 말린 표고버섯도 사람이 햇빛의 도움을 받아 만들어낸 것이다.

7 煮干し, 멸치나 정어리 등의 잡어를 삶아서 말린 것_역자 주

글루타민산 [아미노산의 일종]
유리 L–글루타민산

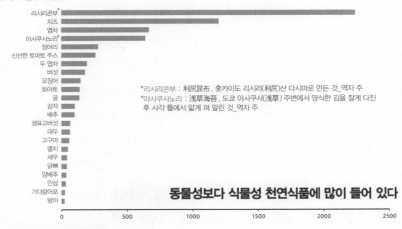

*리시리콘부 : 利尻昆布 , 홋카이도 리시리(利尻)산 다시마로 만든 것_역자 주
*아사쿠사노리 : 浅草海苔, 도쿄 아사쿠사(浅草) 주변에서 양식한 김을 잘게 다진 후 사각 틀에서 얇게 펴 말린 것_역자 주

동물성보다 식물성 천연식품에 많이 들어 있다

이노신산 [핵산의 일종]
5'–이노신산

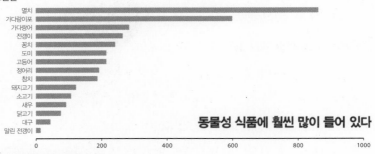

동물성 식품에 훨씬 많이 들어 있다

구아닐산 [핵산의 일종]
5'–구아닐산

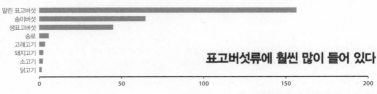

표고버섯류에 훨씬 많이 들어 있다

자료 : 닌벤 홈페이지 〈가다랑어포 교습〉을 개편

32 세계적으로 발효식품이 넘쳐나는 이유는 뭘까?

식품의 저장과 먹는 즐거움에 세계로 뻗어가는 발효식품

전 세계적으로 다양한 발효식품이 만들어지고 있다. 치즈나 요구르트 등의 유제품, 어장(魚醬)[1], 가다랑어포, 쿠사야(くさや)[2], 나레즈시(熱鮨)[3] 등 생선을 원료로 하는 것, 생햄, 금화화퇴(金華火腿)[4], 살라미소시지 등 육류를 원료로 하는 것, 된장, 간장, 낫토, 템페(tempeh)[5] 등 콩을 원료로 하는 것, 김치, 쌀겨절임, 사워크라프트[6] 등의 채소 절임과 피클류 등의 식품을 비롯하여 와인, 맥주, 사케 등의 주류에 이르기까지 각종 발효식품이 나라와 지역마다 발달해 있다.

왜 전 세계적으로 이런 발효식품들을 만들었던 걸까?

냉장고가 발명되기 이전에 식품을 저장하려면 소금이나 설탕에 절이거나 건조하는 방법을 이용했는데 발효 역시 중요한 식품의 저장 방법이었다.

발효의 기원은 용기 속에 저장하거나 건조시킨 식품에 효모와 유산균, 곰팡이 등이 자라기 시작한 것으로 간주된다.

모습이 바뀐 음식을 가장 먼저 먹은 사람은 상당히 용기가 필요했을 것이다. 하지만 사람의 몸에 해를 미치지 않는 미생물이 먼저 자라나면, 그 미생물의 생리적 작용으로 먹을 수 있었다.

예를 들어, 효모에 의한 알코올 발효와 유산균에 의한 젖산 발효, 초산균에 의한 초산 발효 등이 일어나면 알코올에 의한 정균 작용, 젖산과 초산에 의한 pH 저하 등으로 식품 부패의 원인이 되는 세균의 증식을 억제한다. 그중에는 항균 작용이 있는 저분자 화합물을 만들어 다른 세균의 증식을 억제

---

1 생선을 넣고 담근 장_역자 주
2 고등어·날치 등의 생선을 쿠사야액에 재운 뒤 햇빛에 말린 일본의 생선 발효음식_역자 주
3 생선을 소금에 절인 후에 밥에 간을 하여 밥과 함께 발효시켜 만드는 초밥_역자 주
4 중국 금화 지구에서 생산되는 햄의 일종. 금화 햄이라고도 한다_역자 주
5 콩을 거미줄곰팡이 속의 균에서 발효시켜 만든 인도네시아 음식_역자 주
6 양배추를 싱겁게 절여서 발효시킨 독일식 김치_역자 주

하는 미생물도 있다. 그 결과, 맛과 모양이 바뀌어도 몸이 상하지 않고 원래 식품의 영양을 섭취할 수 있었다.

발효에 의해 원래의 식품에는 없었던 비타민 등의 영양 성분이 증가하는 경우도 있다. 발효가 한창 진행 중일 때 단백질이 분해되어 생기는 아미노산, DNA와 RNA가 분해되어 있는 핵산, 미생물이 만드는 지방산 등이 원래의 식품에는 없던 맛과 향, 식감을 제공하여 뭐라 말할 수 없이 우리를 매료시키는 식품으로 변화시키기도 했다. 이와 같이 식품의 저장과 먹는 즐거움 때문에 발효식품이 전 세계로 퍼져 나가지 않았을까?

> 한국의 김치, 중국의 푸루(腐乳, 붉은색의 삭힌 두부_역자 주)를 비롯하여 세계에는 발효식품이 넘쳐난다. 캐나다의 키비악(kiviak)은 바다표범의 뱃속에 바닷새인 각시바다쇠오리(Auk)의 생살을 채워 넣어 발효시킨 음식이다.

세계의 발효식품 엿보기

수르스트뢰밍(Surströmming) / 스웨덴
소금에 절인 생 청어 통조림. 세계에서 가장 냄새가 심한 음식으로 불릴 정도로 냄새가 강렬하다. 생 청어를 소금으로 발효시킨 채 통조림으로 만든다. 깡통 속에서 더 발효하기 때문에 깡통이 팽창한다.

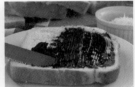

베지마이트(Vegemite) / 호주
맥주 양조의 부산물로, 효모 추출물과 소금, 맥아 추출물이 원료이다. 맛이 짜고 효모 제제와 비슷한 냄새 때문에 빵에 버터나 치즈와 함께 발라 먹는다.

사워크라우트(Ssauerkraut) / 독일
원래 뜻은 '신 양배추'로 신맛은 유산균의 발효에 의한 것이다. 소시지 등의 육류 요리를 비롯하여 다양한 요리와 함께 제공한다. 독일의 지역마다 만드는 방법과 먹는 방법이 다르다.

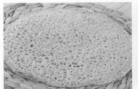

인제라(Injera) / 에티오피아
에티오피아의 주식. 벼과의 곡물인 테프(Teff) 가루를 물에 풀어 3일간 발효시킨 후 큰 철판에 얇게 발라 크레이프 모양으로 굽는다. 독특한 신맛과 단맛이 나는 발효식품이다.

템페(Tempeh) / 인도네시아
대두 등을 템페균으로 발효시켜 만드는 발효식품. 인도네시아의 낫토라고도 불리는데, 낫토와 같은 끈적거림이나 냄새는 없다. 맛은 담백하고 특별한 향이 없어 먹기 쉽다.

취두부(臭豆腐) / 대만
대만에서 인기인 발효식품으로 대변 냄새가 난다. 항구 지역이나 중국 대륙의 화남에서 주로 먹는다. 식물의 발효액이나 석탄물 등을 낫토균, 낙산균으로 발효시킨 즙에 두부를 재워 만든다.

수르스트뢰밍 / 사워크라우트 / 인제라 / 템페 / 취두부 = 사진 제공 : PIXTA, 베지마이트 = 사진 제공 : stock.foto

33 발효는 인간의 식생활을 어떻게 풍요롭게 만들었을까?

우연히 발견한 발효식품이 음식의 다양성을 가져왔다

발효란 미생물이 식품에 자라나 그 식품의 성질을 바꾸어 버리고, 그 결과 사람들이 그것을 맛있다거나 향기가 좋다거나 부드러워 먹기 좋다고 느끼는 경우를 말한다.

역사는 오래되어 동물조차도 발효 음식을 선호한다는 것은 이미 알려진 사실이다. 일본에는 원숭이 술의 전설이 있는데, 아프리카를 예로 들면 마룰라(Marula)라는 큰 나무가 여름에 노란 과일을 맺는다. 동물들은 이 열매를 매우 좋아해서 코끼리, 기린, 코뿔소 모두가 즐겨 먹는다. 마룰라에는 많은 열매가 열리기 때문에 열매가 떨어지면 자연에 존재하는 효모 등의 작용으로 발효하여 알코올이 생긴다. 동물들은 이 알코올을 포함한 열매를 먹고 취한다. 그 모습이 〈뷰티풀 피플(Animals Are Beautiful People)〉(미국, 1974년 공개)이라는 다큐멘터리 영화로 유쾌하게 그려진 바 있다. 즉, 동물들도 발효한 과일을 아주 좋아한다. 물론 사람도 옛날부터 좋아했음에 틀림없다. 가장 오래된 발효식품은 와인이라고 하는데, 역시 옛날부터 술은 사람들의 마음을 달래주던 음료였던 것이다.

치즈도 역사가 오래된 것으로 알려져 있다. 다만 발상지와 언제부터 만들었는지는 명확하지 않지만, '28 젖산 발효가 치즈를 만들어내는 원리는?'에서 지중해와 흑해, 카스피해 어귀 근처에서 산양과 양이 가축화된 것은 기원전 8500년 전 무렵, 소의 가축화는 기원전 7000년경, 기원전 6500년경에는 착유하도록 가축이 개량됐다고 기록된 것처럼 그 시대에 저장했던 우유가 우연히 굳어 치즈와 유사한 유제품이 되지 않았을까 추측해 볼 수 있다.

확실한 것은 기원전 5000년대에 산양과 양, 소의 젖으로 치즈를 만든 흔적

이 현재의 폴란드와 크로아티아 등의 유적에서 발견됐다는 사실이다. 그래서 같은 유제품인 요구르트도 아마 그때부터 만들어졌을 거라고 추정된다.

와인도 치즈도 요구르트도 사람이 발견한 것은 우연이라고 생각된다. 포도와 포도주스를 저장한 항아리 속에서 포도 껍질에 붙어 있던 효모가 발효해서 와인이 됐기 때문이다.

새끼양 등의 위장으로 만든 가죽 가방에 젖을 저장했다가 위장에 남아 있던 응유 효소의 작용으로 단백질이 침전한 것이 요구르트의 시초라고 여겨지지만, 지금은 젖을 넣은 항아리와 병에 미생물(유산균)이 들어가 미생물의 작용으로 산이 만들어져 단백질이 침전한 것으로 추측되고 있다.

발효는 식품의 성질을 변화시켜 식생활에 즐거움을 더하고 단조로운 식생활을 풍요롭게 한 것이다. 더불어 최근에는 건강 측면의 효과도 주목을 받으면서 없어서는 안 되는 식품으로 자리 잡았다.

83

발효들 인간의 식생활을 어떻게 풍요롭게 만들어왔을까?

> 발효 덕분에 음식의 종류가 늘어났고 미각도 발달했을 것이다.

마룰라 나무와 열매
옻나무과 식물로, 마다가스카르와 동북 아프리카의 수단에서 사하라 사막 남쪽 가장자리 부분의 반건조 지대에 분포한다. 12~3월에 걸쳐 노란 껍질과 흰 과육의 열매가 익는다. 오렌지보다 약 8배 많은 비타민 C를 함유하고 있다. 신맛에 독특한 맛을 가지고 있으며, 인간에게 중요한 음식이지만, 기린이나 코끼리, 코뿔소 등의 동물도 즐겨 먹는다.

피토이(Pithoi)
고대 로마에서는 피토이라고 하는 원추형의 양쪽에 손잡이를 붙인 질그릇 항아리를 땅속에 꽂아 와인을 보관했다. 로마 황제는 납으로 만든 잔을 애용했기 때문에 납에 중독되어 네로와 같은 비정상적인 행동을 하는 사람이 나타났다고 한다.
사진 : 고대 로마 라이브러리

34 미생물의 역할을 발견한 것은 누구일까?

제1장 10항에서 소개한 바와 같이 미생물은 네덜란드의 안토니 폰 레벤후크(Antoni von Leevenhoek, 1632~1723년)가 만든 현미경에 의해 처음 관찰되었다. 당시의 과학으로는 발견된 미생물이 어떤 생활을 하고 또 어떤 역할을 하는지 알 수 없었지만, 그래도 레벤후크는 다양한 미생물이 존재한다는 사실을 명확히 밝혀냈다.

그렇다면 미생물이 발효에 관여한다는 사실을 밝힌 것은 누구일까?

레벤후크로부터 약 200년 후, 프랑스의 생화학자 루이 파스퇴르(1822~1895년)는 당시 가장 논란이었던 '생명의 자연발생설'을 부정하고, 미생물도 그 기반이 되는 미생물이 없는 곳에서는 자라지 않는다는 것을 증명했다. 이어서 파스퇴르는 저온살균법(Pasteurization)을 개발한다. 그리고 지역의 양조장으로부터 발효가 제대로 되지 않고 시큼해지는 문제로 상담을 받게 된다. 파스퇴르는 현미경을 이용해서 관찰한 결과 효모보다 작은 세균을 발견했다. 세균이 젖산 발효를 한 것이다. 이 세균을 다른 새로운 배지에 심어 보자 역시 젖산 발효가 일어나는 것을 발견하고, 발효에는 반드시 미생물이 관여하고 있으며 발효로 생기는 산물은 미생물의 종류에 따라 다르다는 사실을 확인했다.

파스퇴르가 의학에 공헌한 활약상은 스코틀랜드의 소설가 크로닌(Archibald Joseph Cronin, 1896~1981년)의 〈성채(The citadel)〉(1937년)에 그려져 있다. 의료 윤리 논란을 주제로 한 소설인데, 나카무라 요시미(1903~1981년)가 번역한 신쵸문고(1955년)의 책에서 인용해 보겠다. 장면은 의사인 앤드루 맨슨이 무면허 의사를 보조한 혐의로 심문을 받는 상황이다. 여기서 맨슨은

사람을 살리기 위해서는 반드시 의사일 필요는 없고, 그 능력에 달려 있다고 주장한다.

"과학적 의학의 가장 위대한 인물 루이 파스퇴르가 의사가 아니었다는 것을 가르칩시다. 위대함에서 파스퇴르 다음으로 꼽는 메치니코프 또한 의사가 아니었습니다. 병마와 싸우고 있는 모든 사람들은 설령 그 이름이 의사 명단에 올라 있지 않더라도 반드시 나쁜 사람이나 바보라고는 단정할 수 없다는 것을 아실 겁니다."

물론 현대에만 국한되지 않고 의사 면허가 없는 사람이 치료를 하는 것은 인정받지 못하고 있지만, 파스퇴르는 그런 사회적 통념을 가볍게 뛰어넘을 만한 발자취를 의학사에 남겼다. 파스퇴르는 생화학자이면서도 '의학 분야에서 가장 위대한 인물' 중 한 사람으로 칭송받았다. 그리고 지금 신형 코로

루이 파스퇴르(1822~1895)와 친필 사인

프랑스의 생화학자이자 미생물학자. 1822년 프랑스 동부 쥐라 지역에서 가죽 무두질 장인의 아들로 태어나 파리 고등사범학교에 입학한다. 화학을 전공하고 1846년에 박사 학위를 취득하지만 한 교수로부터 '평범하다'는 평가를 받는다. 그 후, 1854년 릴의 이과대학 학장에 임명되고 1857년에는 모교인 고등사범학교의 사무총장 겸 이학부장에 취임한다. 이때 알코올 제조자로부터 '와인이 부패하는 원인을 조사해 달라'는 의뢰를 받는다. 이것이 미생물을 연구하게 된 계기가 된다. 1861년 '생명의 자연발생설'을 부정한 『자연발생설 검토』를 저술한다. 1887년에는 파스퇴르 연구소를 설립한다.

업적은 실로 다양하다. 분자의 광학 이성체 발견, 와인·맥주·우유의 부패를 방지하는 저온살균법 개발, 백신 예방 접종법을 개발하고 광견병 백신과 닭 콜레라 백신을 발명한다. '백신'의 명명자이기도 하다. 위대한 업적을 인정받아 그의 장례식은 국장으로 치러졌다.

로베르트 코흐(1843~1910년)와 친필 사인

독일의 의사이자 세균학자. 광부의 아들로 태어나 독일 니더작센주 괴팅겐대학에 입학한다. 1876년 탄저 병원균을 탄저균의 순수 배양을 통해 입증하고 '코흐의 4원칙'을 제창한다. '코흐의 3원칙'이라고도 불리며, 정리하면 ① 특정 세균은 특정 질병을 일으킨다 ② 해당 질병에 걸렸을 때 항상 그 세균의 존재가 증명된다 ③ 그 세균은 생체 외에서 인공적으로 배양이 가능하고, 그 세균을 동물에 감염시키면 같은 질병을 일으킨다 ④ 그 질병 부위에서 같은 세균이 분리된다. 1891년 프로이센 왕립 전염병 연구소(코흐연구소)를 설립한다.

탄저 병원체가 탄저균이라는 사실을 증명하고 결핵균의 발견과 병원균이라는 것을 증명한 외에도 콜레라균을 발견하는 등 많은 업적을 세웠다. 이런 공로를 인정받아 1905년 노벨 생리학·의학상을 수상했다.

나바이러스의 위협을 받고 있는 인류가 질병을 방지하기 위해 개발을 서두르고 있는 '백신'이라는 이름을 붙인 사람도, 면역을 연구한 파스퇴르이다.

기본적인 미생물의 연구 방법은 파스퇴르와 거의 동시대에 살았던 로베르트 코흐(Robert Koch, 1843~1910년)에 의해 확립된다. 코흐는 미생물을 분리하는 데 필요한 평판배양법 및 각종 염색 방법을 개발한다. 또한 탄저병에 걸린 동물에서 채취한 세균을 멸균한 동물의 혈액으로 배양한 결과 동일한 세균이 증식한다는 사실을 확인한다.

이 세균을 반복하여 배양한 후 동물에게 섭취하자 역시 탄저병에 걸려 혈액에 같은 세균이 출현하는 것을 관찰하고, 이 세균이 탄저균이라는 사실을 알게 됐다. 코흐는 이런 방식으로 특정 감염증에는 특정 원인균이 있음을 밝혀냈다.

그 후, 코흐는 결핵균, 콜레라균 등을 발견하고 감염 연구의 기초를 구축하여 1905년 노벨 생리학·의학상을 수상한다. 현재, 미생물 연구에서 사용되는 다양한 방법의 기초는 코흐 등에 의해 개발되었고, 우리는 그들 덕분에 미생물 연구를 할 수 있게 됐다.

물론 코흐도 '의학 분야의 가장 위대한 인물' 중 한 사람이다. 두 사람의 위대함을 스위스 의학사가 헨리 지거리스트(Henry E. Sigerist, 1891~1957년)는 다음과 같이 말했다고 의사이자 의학사(史) 연구가인 카지타 아키라(梶田昭, 1922~2001년)는 그의 저서 『의학의 역사』(고단샤 학술 문고(2003년))에서 기술하였다.

– 파스퇴르와 코흐, 그들의 제자에 의해 감염성 질환이라는 공포에서 벗어났다. 더 이상 보이지 않는 적이 아니라 마주할 수 있게 됐다. 적을 알면 적의 힘을 두려워할 이유는 훨씬 줄어든다. 부르고뉴의 가죽 무두질 장인의 아들과 북부 독일 광부의 아들이 인류에게 무한한 혜택을 가져다줬다. –

파스퇴르는 가죽 무두질 장인의 아들, 코흐는 광부의 아들이었다.

제4장

질병을 일으키는 미생물과
질병을 치료하는 미생물이란?

35 발효와 부패의 차이는 뭘까?

몸을 해치는 것이 부패, 발효와 부패에 명확한 차이는 없다

요구르트와 치즈, 된장이나 간장 등 그냥 먹어도 맛있고 조미료로도 손색이 없는 것이 발효식품이다. 하지만 같은 발효식품이라도 낫토처럼 익숙하지 않은 사람에게는 악취로밖에 생각되지 않을 것이다. 이외에도 쿠사야[1], 스웨덴 등에서 먹는 생선 통조림 수르스트뢰밍(Surströmming) 등도 뭐라 말할 수 없이 지독한 냄새를 풍긴다. 이들도 발효식품인 것은 틀림없지만 사람에 따라서는 부패했다고 생각할지도 모른다.

그렇다면 발효와 부패의 차이는 무엇일까?

모든 식품에 미생물이 번식하고 있다는 사실에는 변함이 없다. 미생물이 번식한 음식을 먹거나 마셨을 때 몸에 문제가 생기면 부패라고 한다. 또한 실제로는 해가 없어도 불편한 느낌이 들 때 부패라고 보는 경우도 있다. 따라서 발효와 부패에 명확한 차이는 없으며 각자의 감각에 따르는 것이다.

단백질을 많이 함유한 식품에 미생물이 번식한 경우가 냄새가 강한 듯하다. 단백질이 분해되면 아미노산이 된다. 아미노산은 미생물에 의해 대사되어 아미노산이 가진 아미노기(基)에서 암모니아가 생긴다. 유황을 포함한 시스테인이라는 아미노산에서 황화수소가 생기는 경우가 있다. 또한 저급 지방산(작은 지방산)을 생산하는 미생물도 많고, 이들이 만드는 지방산도 냄새가 상당하다. 이렇게 냄새가 나는 발효식품이 많은데, 사람에 따라서는 불쾌하게 느껴지더라도 이런 음식을 늘 먹고 있는 사람은 그 냄새도 그 음식의 매력이라고 느낄 것이다.

---

1 くさや, 고등어·날치 등의 생선을 쿠사야액에 재운 뒤 햇빛에 말린 일본의 생선 발효음식_역자 주

음식에 나쁜 미생물이 달라붙으면 어떻게 될까?

	잠복기	원인 식품	증상
황색포도상구균	1~5시간	주먹밥, 초밥, 회 등	구역질, 구토, 상복부 통증, 설사 등. 보통은 12시간 이내에 낫지만 면역력이 떨어진 고령자는 사망할 수도 있다
보툴리누스균	잠복기가 길고, 8~36시간	발효식품, 진공 팩 식품, 소시지, 이즈시[2] 등	마비, 복시(하나의 사물이 두 개로 보임), 구음장애(말을 명료하게 할 수 없음), 호흡 곤란 등. 사망률은 현재의 치료 기술로 10% 미만으로 감소
장염비브리오	12시간에서 24시간. 여름에 주로 발생한다	미가열 어패류나 생선회 등	복통, 설사, 구토 등. 사망률은 낮다
살모넬라속	24시간에서 2일	생고기, 달걀, 샐러드 등	발열, 복통, 설사, 구토 등. 사망률은 0.1~0.2%
캄필로박터	2일부터 때로는 11일	가열되지 않은 닭고기, 돼지고기, 소고기, 달걀, 생우유, 소 회, 간 회 등	두통, 복통, 설사, 구토 등. 발병 후 2주 사이에 운동 마비 및 호흡 마비를 동반한 합병증 갈랑-바레증후군의 위험이 있다. 사망률은 낮다
병원성 대장균	3일부터 8일 / O157 등 장관 출혈성 대장균	특정할 수 없지만, 생 소고기가 많다	복통, 물설사, 혈변, 감기 유사 증상 등. 사망률은 1~5%
리스테리아속	1일부터 때로 1개월일 때도 있다	유제품, 고기 요리, 샐러드 등	발열, 권태감, 두통, 근육통, 관절통 등. 사망률은 10%로 보고됐다
웰치균	8시간에서 24시간	고기 요리 등	복부 불쾌감, 설사 등. 드물게 사망한 예가 있다
세레우스균	30분에서 6시간	가열되지 않은 닭고기, 돼지고기, 소고기, 달걀, 생우유, 소 회, 간 회 등	두통, 복통, 설사, 구토 등. 드물게 급성 간 기능 부전으로 사망한 예가 있다
노로바이러스 노로바이러스는 속 이름이고, 노월바이러스 (Norwalk virus)를 일컫는다	세균이 아닌 바이러스 감염. 잠복기는 24시간에서 2일	오염된 조개나 가열되지 않은 식품. 감염 환자의 대변이나 토사물 외에 비말 감염 등	상복부 통증, 구역질, 구토, 설사 등. 드물게 사망하는 예가 있다

---

2 이즈시(飯寿司), 식초에 아주 푹 절여 만드는 고전적인 스시_역자 주

36 세계에서 가장 많은 사람을 죽인 미생물은 뭘까?

흑사병보다 위험하고 감기와 비슷하면서도 다른 독감

인류 역사상 가장 많은 사람이 희생된 세균 감염은 흑사병(pest)으로 알려져 있다. 그러나 이에 필적하는 사망자를 내고 앞으로도 증가할 것으로 보이는 것이 독감(influenza)이다.

독감은 감기와 비슷한 증상을 나타내지만 고열이 나거나 두통, 관절통, 근육통, 전신 권태감 등의 증상이 빠르게 나타나는 점에서 감기와는 다르다. 독감은 매년 겨울이 되면 유행하고 미국 질병통제예방센터(CDC)에서는 계절성 독감에 의한 전 세계 사망자가 매년 29만 명~65만 명에 달한다고 추정하고 있다. 이와 함께 코로나바이러스처럼 팬데믹(pandemic)이라 불리는 세계적인 대유행이 발생할 수 있다.

팬데믹으로 잘 알려진 것은 사망자 5,000만 명~1억 명을 낸 1918년의 스페인 독감, 사망자 200만 명 이상을 기록한 1957년 아시아 독감, 사망자 100만 명의 1968년 홍콩 독감이 대표적이다. 2009년 발생한 신종 플루는 2만 명의 사망자를 냈다.

또한 2019년부터 2020년까지 미국에서 엄청난 속도로 독감이 유행했다. CDC는 이 기간에 2,200만~3,100만 명이 독감에 걸렸고, 사망자는 1만 2,000명에서 3만 명으로 추정하고 있다.

독감은 바이러스가 원인이 되어 발생하는 감염이다. 독감 바이러스는 A형, B형, C형의 세 가지로 분류된다.

A형 독감 바이러스는 다수의 아형(亞型)이 있는 것으로 밝혀졌다. 2009년의 유행성 H1N1 독감은 돼지 인플루엔자라고 불렸는데, A형 인플루엔자의 표면 단백질 형태로, H는 16종류, N은 9종류 발견되었다. 이를 조합하

면 144(16×9)의 아형이 존재한다. 설상가상으로 바이러스의 유전자 변화 속도가 빠르고, 같은 아형 중에서도 작은 차이가 있기 때문에 돌연변이의 종류에 따라 준비한 백신이 효과가 없는 경우도 있다. 그러나 세계적으로 그 해에 유행하는 균주는 거의 동일하다고 한다.

A형은 사람 이외에 돼지, 조류도 감염된다. 감염 폭이 넓은 데다 전염 속도가 빠르기 때문에 다양한 대처 방법을 강구해야 한다.

B형, C형은 다양성이 낮기 때문에 아형으로 분류되어 있지는 않다. 게다가 감염되는 동물 종도 적기 때문에 광범위하게 감염이 발생하기 어렵다는 게 특징이다.

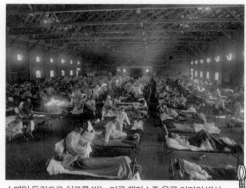

스페인 독감 바이러스의 TEM(투과 전자 현미경) 사진

스페인 독감으로 치료를 받는 미국 캔자스주 육군 기지의 병사

스페인 독감은 1918~1921년에 대유행했다. 5억 명이 감염되고 사망자는 무려 5,000만 명에서 1억 명으로 추정되는 인류 역사상 최악의 감염이었다. 일본에서도 세 차례의 유행으로 2,380만 명이 감염되고 총 약 39만 명이 사망했다고 한다.

스페인라는 이름이 붙어 있어 스페인에서 발생했다고 생각하는데 사실이 아니다. 제1차 세계대전 중 프랑스에 주둔하고 있던 영국군 기원설, 같은 대전 중 미국 캔자스주 육군 기원설, 중국 기원설 등 여러 가지 설이 있다. 그것이 스페인 독감이라고 불리게 된 것은 전쟁에 참가한 국가의 군대에서 일어난 대유행은 정보를 통제한 까닭에 누출되지 않았으나, 중립국이었던 스페인에서 대유행한 소문이 새나가면서 크게 보도되었기 때문이다.

'처치가 빠르면 바로 낫는다'라는 광고 문구로 스페인 독감의 조기 치료를 계몽하는 일본의 포스터

세계에서 가장 많은 사람을 죽인 미생물은 뭘까?

37 유럽을 세 차례 지옥에 빠뜨린 페스트균의 정체는?

페스트균에 기타사토 시바사부로의 이름이 붙지 않은 이유

세균에 의한 감염으로 가장 큰 비극을 초래한 흑사병은 페스트균(예르시니아 페스티스, Yersinia pestis)에 의해 발생하는 질병이다. 인류 역사상 세 차례 대유행했다. 제1차 유행은 6세기에 시작되어 8세기까지 이어졌고, 가장 비참한 유행이라고 일컬어지는 제2차는 14세기에 일어났다. 흑사병이라 불리며 사람들을 공포에 떨게 했고, 피해 규모는 당시의 세계 인구 4억 5,000만 명 중 1억 명이 사망한 것으로 추산된다. 그 후에도 19세기의 제3차 유행을 포함한 몇 차례의 세계적 유행으로 수백만에서 1,000만 명의 사망자가 발생했다.

쥐와 같은 설치류가 병원체를 보유하고 있고 사람과 설치류에 공통되는 벼룩 등을 통해 사람에게 감염된다. 설치류에서 벼룩을 통해 반려동물로, 다시 반려동물에서 사람에게 전염되는 경우도 있다.

수많은 증상의 예들을 살펴보면 페스트균을 가진 벼룩에 물리고 나서 며칠이 지나 고열이 나고 임파선이 심하게 부어 선(腺)페스트[1]라는 증상이 나타난다. 치사율이 높은 전염병으로 알려져 있으며, 감염된 채 치료하지 않으면 환자의 60%가 1주일 이내에 사망에 이른다.

또한 흑사병에 걸린 사람의 기침 속에 페스트균이 존재하고, 이 균을 흡입하면 폐(肺)페스트[2]라는 증상이 나타나고 치료하지 않으면 3일 이내에 사망하는 것으로 보고되었다.

페스트균은 스위스와 프랑스 국적을 가진 알렉상드르 예르생(Alexandre

---

1 페스트 중에서 대부분을 차지하는 형으로, 1~10일의 잠복기를 거쳐 갑자기 오한·전율을 수반하는 고열이 나타나고 빈맥, 구토, 의식장애가 있다_역자 주

2 페스트균에 의해 발생하는 심각한 하기도감염증_역자 주

Yersin, 1863~1943년)과 기타사토 시바사부로(北里柴三郎, 1853~1931년, 일본의 내과의사이자 세균학자)가 각각 홍콩에서 발견했다. 하지만 페스트균이 흑사병의 원인균임을 시사하는 결과물을 낸 것이 예르생이었기 때문에, 예르생의 이름이 페스트균의 이름인 예르시니아 페스티스(Yersinia pestis)로 남게 됐다. 위생 환경이 정비되고 항생제에 의한 치료법으로 현재는 감염자가 감소하고 있지만 2010~2015년 5년간의 통계에서는 3,248명이 감염되고, 이 중 584명이 사망했다고 WHO(세계보건기구)가 보고하였다. 지금도 결코 안심할 수 있는 질병이 아니다.

이탈리아 피렌체의 시인이자 인문학자, 작가인 조반니 보카치오의 작품 「데카메론(Decameron)」(10일간의 이야기)의 삽화. 1348년 피렌체에서 흑사병으로 죽은 시체 모습. 데카메론은 흑사병을 피해 교외로 피한 10명의 귀족이 10일간 나눈 100개의 이야기.

출처 : 영국 / Wellcome Collection

조반니 보카치오
(Giovanni Boccaccio, 1313~1375년)

흑사병에 감염되어 검게 변한 손

페스트균

17~18세기에 걸쳐 유럽에서 흑사병 치료를 행하는 의사의 모습. 흑사병은 악성 공기를 통해 감염된다고 여겼기 때문에 흑사병을 치료하는 의사들은 대량의 향신료를 채운 부리 모양의 마스크를 쓰고 다녔다(1656년, 독토르 슈나벨 폰 롬(독일어로 '로마의 부리 의사'라는 뜻_역자 주)을 그린 파울 퓌르스트의 판화).

무슨 질병인지 알지 못한 채 손발이 검어져서 죽었을 테니, 정말 무서웠을 거야.

38 감염증을 예방하는 백신이란 뭘까?

백신에는 생백신과 불활화백신 두 종류가 있다

　　　　　사람은 세균이나 바이러스 등이 몸 안에 들어가 증식해서 몸의 기능을 방해함으로써 감염증에 걸린다. 하지만 일단 특정 감염증에 걸리면 다시 같은 감염증에는 걸리지 않는 것으로 알려져 있다. 홍역 등이 그 좋은 예인데, 요즘은 1세와 5~6세에 예방 접종을 하기 때문에 홍역에 감염되는 비율은 매우 낮다.

　그런데 백신이란 도대체 뭘까?

　사람은 바이러스나 세균에 감염되면 그 병원체에 대한 항체를 만들어 대항한다. 항체는 특정 병원체를 인식하고 그 병원체에 달라붙는다. 우리 몸이 가진 생체 방어 체계가 병원체에 결합한 항체를 표적으로 병원체를 체내에서 제거한다. 항체란 이물질이 침입한 사실을 생체 방어 시스템에 알리는 신호와 같은 것이다. 항체를 인위적으로 생산하기 위해 무독화 또는 약독화한 병원체나 병원체의 일부를 체내에 투여하는데, 이것이 바로 백신이다. 백신 접종을 함으로써 우리는 원래의 병원체에 대한 항체를 만들 수 있게 된다.

　현재 백신에는 크게 두 종류가 있다. 하나는 생백신으로, 무독화 또는 약독화한 세균이나 바이러스를 사용한다. 실제로 감염되는 병원체에 가깝기 때문에 사람이 가진 면역 기능을 극대화할 수 있으며, 획득하는 면역력이 높은 데다 긴 지속성을 갖는다. 다만, 약독화했다고는 해도 병원체 자체를 사용하기 때문에 감염에 의한 부작용이 발생할 수 있다.

　또 하나는 비활성화백신이다. 이 백신은 세균이나 바이러스의 사체를 사용한다. 감염에 의한 부작용은 없지만, 생백신에 비해 지속성이 짧아 여러 번 접종해야 하는 경우도 있다.

이외에도 병원체의 일부를 채취한 것이나 유전자 변형으로 병원체의 일부를 만든 것도 백신이라고 볼 수 있으며, 넓은 의미에서 비활성화백신이다. 코로나바이러스 백신도 같은 방법으로 만들어졌다.

18세기부터 20세기에 걸친 백신 개발 행보

※ 처음 개발된 백신만 표기

- ○ 1796년 천연두 백신 / 세계 최초의 백신
- ○ 1879년 콜레라 백신
- ○ 1881년 탄저병 백신
- ○ 1882년 광견병 백신
- ○ 1890년 파상풍 백신
- ○ 1890년 디프테리아 백신
- ○ 1896년 장티푸스 백신
- ○ 1897년 페스트 백신
- ○ 1926년 백일해 백신
- ○ 1927년 결핵 백신
- ○ 1932년 황열병 백신
- ○ 1937년 발진티푸스 백신
- ○ 1945년 독감 백신
- ○ 1952년 소아마비 백신
- ○ 1954년 일본 뇌염 백신
- ○ 1957년 아데노바이러스 4형○7형 백신
- ○ 1962년 소아마비 경구 백신
- ○ 1964년 홍역 백신
- ○ 1967년 유행성 이하선염 백신
- ○ 1970년 풍진 백신
- ○ 1974년 수두 백신(수포창)
- ○ 1977년 폐렴구균 백신
- ○ 1978년 수막구균 백신
- ◉ **1980년 WHO 제33회 총회에서 천연두 박멸 선언**
- ○ 1981년 B형 간염 백신
- ○ 1985년 독감 B형 백신
- ○ 1992년 A형 간염 백신
- ○ 1998년 라임병 백신
- ○ 1998년 로타바이러스 백신

에드워드 제너
(Edward Jenner, 1579~1823년)

영국의 의사. 1796년 천연두를 예방하는 인류 최초의 백신을 개발했다. 백신은 당시의 인두접종법보다 훨씬 안전한 종두(우두접종)로, 이에 대한 업적으로 '현대 면역학의 아버지'라고 불린다.

천연두 바이러스

감염증을 예방하는 백신이란 뭘까?

39 과거 일본에도 있었다는 말라리아의 정체는?

일본에서 3~4세기부터 전후(戰後)까지 발생한 삼일열 말라리아

말라리아는 말라리아 원충을 가진 학질모기에 물리면 감염되는 질환이다. 지금도 열대기후와 아열대기후 지방에서 유행하고 있다. WHO(세계보건기구)에 따르면 1년에 약 2억 2,000만 명이 감염되고 43만 5,000명이 사망하는 것으로 추산되고 있다.

사람에게 감염되는 말라리아는 5종류[열대열 말라리아(Plasmodium falciparum), 삼일열 말라리아(P. vivax), 나흘열 말라리아(P. malariae), 난형열 말라리아(P. ovale), 원숭이 말라리아(P.knowlesi)]가 발견되었다.

말라리아는 한때 일본에서도 환자가 발생했다. 가장 오래된 것은 701년에 기록된 학(瘧)인데, 지역에 따라 학병(瘧病), 장려(瘴癘), 풍기(風気), 이소병(泥沼病)이라고 부른 것은 모두 말라리아일 것으로 간주된다.

말라리아라고 기록된 것은 메이지 시대 이후이다. 일본에서는 삼일열 말라리아가 주로 유행했으며 토착 말라리아로 불렸다. 1901년에 홋카이도(北海道) 후카가와시(深川市)에 주둔하던 둔전병[1]과 그 가족 사이에서 말라리아가 유행해서 인구의 약 5분의 1이 감염되었다. 1903년에는 전국에서 20만 명의 환자가 발생한 것으로 보고되었다. 하지만 모기장과 모기향이 보급되는 등 생활환경 개선과 습지의 토지 개량, 농약 살포에 의해 매개체인 학질모기에 물릴 기회가 줄어들어 1935년에는 5,000명으로 감소했다.

그런데 제2차 세계대전이 끝나고 500만 명이 넘는 사람들이 돌아오자 95만 명의 사람들이 말라리아에 감염된 것으로 추정되었다. 대유행이 우려되었지만, 1946년 2만 8,200명을 정점으로 1951년에는 500명 이하로 감소

---

1 屯田兵, 평소에는 토지를 경작하여 식량을 자급하고 전시에는 전투원으로 동원되는 병사_역자 주

했다. 그 후 일본에서 감염된 사례는 거의 찾아볼 수 없게 됐다.

현재는 해외에서 감염되어 귀국한 후에 발병하는 사례가 연간 약 100~150명으로 확인되고 있다. 지구 온난화로 기온이 상승하면 말라리아가 다시 유행할 것이라는 예측도 있지만, 현재의 주택 구조상 모기의 침입을 충분히 방지할 수 있기 때문에 온난화와 함께 많은 가옥이 파괴되는 등의 큰 재해가 발생하지 않는 한 재유행하지는 않을 것이라는 의견이 지배적이다.

가장 심한 증상인 말라리아는 열대열 말라리아다. 중증으로 발전하기 쉽고 사망률도 높다고 한다.

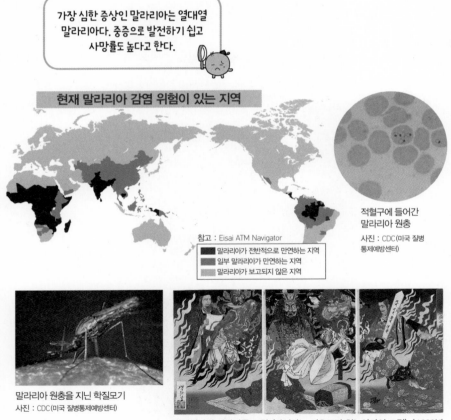

현재 말라리아 감염 위험이 있는 지역

참고 : Eisai ATM Navigator

- 말라리아가 전반적으로 만연하는 지역
- 일부 말라리아가 만연하는 지역
- 말라리아가 보고되지 않은 지역

적혈구에 들어간 말라리아 원충
사진 : CDC(미국 질병통제예방센터)

말라리아 원충을 지닌 학질모기
사진 : CDC(미국 질병통제예방센터)

말라리아의 단말마를 그린 〈다이라노 키요모리 히노야마이 그림〉 / 1883년 쓰키오카 요시토시 작품

40 지금도 무서운 감염증인 결핵의 정체는?

예로부터 인류를 괴롭히며 멈추지 않는 결핵균

일본에서 결핵은 노해(癆咳)라고 불리며 사망률이 높은 질병이었다. 결핵은 결핵균(Mycobacterium tuberculosis)에 의해 발생한다. 근대 세균학의 아버지라 일컫는 로베르트 코흐가 발견한 병원성 세균이다. 현재에도 결핵은 전 세계적으로 감염에 의한 사망자 수로 보면 상위 10위 이내에 반드시 들어가는 감염증 중 하나이다.

매년 약 1,000만 명의 사람들이 새롭게 감염되고 전 세계적으로 감염자는 약 20억 명에 달하는 것으로 추정된다. 또 매년 약 120~150만 명의 환자가 사망하고 있다. 일본에서는 2018년에 환자 3만 7,134명이 확인되었고, 이 중 1만 5,590명이 신규 환자였으며, 사망자는 2,204명에 이른다.

결핵균은 감염력이 강하여 재채기나 기침 등에 섞여 비산하여 비말감염을 일으킨다. 결핵균을 흡입하면 감염 부위에서 성장하기 시작하지만, 곧바로 몸의 방어 체계가 작동하여 백혈구의 일종인 대식세포와 림프구 등에 둘러싸여 갇혀 버린다. 이 단계에서 생육이 멈추면 발병하지 않는다. 하지만 결핵균은 대식세포에 둘러싸여도 살아남을 수 있기 때문에 산 채로 그 자리에 머물러 있는 경우가 있다. 감염되고 몇 년이 지나 어떤 이유에서 면역력이 저하되면 포위에서 벗어나 결핵균은 새로운 장소에서 감염을 일으킨다.

일반적으로는 폐 속에서 새롭게 감염하여 폐결핵을 일으키지만, 결핵균은 다양한 장기에서 생육이 가능하기 때문에 뇌와 뼈, 림프절 등의 장기에도 감염될 수 있다. 이 상태가 되면 반드시 치료가 필요한데, 자칫 치료에 소홀하면 치명적인 결과를 초래한다.

결핵을 예방하는 데는 BCG 백신이 사용되고 있다. 이것은 미코박테륨 보

비스(M. Bovis)라는 우형 결핵균(소 결핵균)을 여러 번 배양해서 사람에게 대부분 병원성을 나타내지 않게 된 균주를 사용한 생백신이다.

일본에서는 1951년부터 결핵예방법이 제정되어 학생들에게 투베르쿨린 검사를 하게 되었다. 그 결과 양성을 보이지 않으면 BCG 백신을 접종했다. 그후 몇 차례 법이 개정되면서 현재는 생후 1년 이내의 영유아 모두에게 BCG 백신을 접종하게 되었다. 덕분에 일본에서는 어린이 결핵 환자는 적지만, 불행히도 BCG 백신을 접종하지 않은 고령층에서 많은 감염자가 나오고 있다.

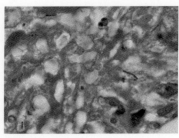

결핵균에 침윤된 조직

결핵균
미코박테륨 투베르쿨로시스
(Mycobacterium tuberculosis)

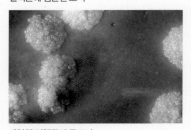

배양된 결핵균의 콜로니

일본에서 발병하는 결핵의 80%는 폐결핵이라고 하는데, 그 외에도 신장, 림프절, 뼈와 뇌를 비롯한 몸 어디든 침범한다. 마사오카 시키(正岡子規, 일본의 시인, 1867~1902년)는 결핵으로 인해 골수가 만성 염증을 일으켜 사망했다.

41 O157 같은 병원성 대장균이란 뭘까?

베로 독소를 생산해서 출혈성 설사와 뇌 질환을 일으키는 미생물

대장균인 에셔리키아 콜라이(Escherichia coli)는 이름 그대로 동물의 장 속에 있는 세균이다. 일반적인 대장균은 딱히 나쁜 영향을 미치지는 않는다. 대장균의 세포벽의 표면에는 리포 다당류라는 지질과 당질로 이루어진 성분이 있다.

리포 다당류(lipopolysaccharide)는 O항원이다. O항원은 다양한 구조가 있으며, 157번째로 발견된 구조를 O157라고 부른다.

병원성 대장균이란 특정 병원성을 가진 대장균이다. 특히 장관 출혈성 대장균은 베로 독소(Verotoxin, 장출혈성 대장균이 생산하는 독소 단백질)라는 독소를 생산하는 능력이 있는 대장균으로, 출혈성 장염을 일으키거나 용혈성 요독 증후군을 일으키기도 한다.

O157이 대표적이며, 같은 증상을 일으키는 대장균은 O26, O111, O121, O128 등이 있다.

베로 독소는 크게 두 종류가 있는데, 이질균(또는 적리균, Bacillary dysentery)이 생산하는 것과 같은 독소 단백질(VT1)과, 이것과는 구조가 다른 독소 단백질(VT2)이다. 장관 출혈성 대장균은 이들 중 하나 이상을 생산한다.

그렇다면, 왜 장관 출혈성 대장균은 다른 대장균과 달리 독소를 만드는 걸까?

장관 출혈성 대장균의 DNA 분석 결과를 보면 독소 유전자는 세균을 감염시키는 바이러스인 박테리오파지(bacteriophage)에 의해 이질균에서 대장균으로 옮겨지는 것으로 여겨진다. 이렇게 다른 생물 사이에서 유전자가 전달되는 것을 수평전달이라고 한다.

베로 독소를 가진 대장균이 사람에게 감염되면 베로 독소에 의해 창자 세포에 손상을 주게 되어 출혈성 설사를 유발한다. 혈관을 통해 온몸으로 독소가 이동하여 신장에 도달하면 용혈성 요독 증후군을 일으키고, 뇌로 가면 급성 뇌질환을 일으킨다.

다른 식중독과 마찬가지로 여름철에 많이 발생한다는 보고가 있지만 겨울철에도 발생할 수 있다. 동물의 장내에 생육하고 있기 때문에 먹기 위해 해체하는 과정에서 장의 내용물이 먹는 부위에 닿거나 감염자의 변에서 오염된 손가락으로 만진 식품에 의해 감염되기 때문이다. 식품을 가열하면 O157은 사멸하므로 제대로 가열하여 예방하는 것이 중요하다.

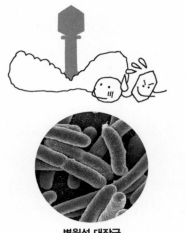

병원성 대장균

박테리오파지는
이런 모양

장관 출혈성 대장균 O157과 같은 베로 독소가 체내에 들어가면 3~8일의 잠복기를 거쳐 발병하고 심한 복통과 함께 물찌똥이 자주 나온다. 다음으로 혈변이 나오고, 심하면 뇌 질환이나 용혈성 요독 증후군(HUS) 등의 심각한 합병증을 일으킬 수도 있다. 소아나 고령자는 특히 주의해야 한다.

O157 베로 독소는 세포의 단백질 합성을 저해해서 세포를 죽이며, 신장이나 뇌, 폐에 문제를 일으킨다. 베로 독소는 1형과 2형이 있고, 2형이 1형보다 독성이 강하다. 덧붙여서 1형은 1897년에 시가 키요시(志賀潔, 1871~1957년)가 발견한 이질균이 만드는 '시가 독소'와 같은 독소라고 한다.
박테리오파지는 세균에 감염되어 그 세균 속에서 증식하는 바이러스를 말한다. 제1장 4항 '세균이나 바이러스는 미생물의 일종일까?'에서 파지라는 말이 등장하는데, 같은 바이러스이다. 하지만 박테리오파지에 의해 이질균 독소 유전자가 대장균에 옮겨졌을 것이라고 여겨지는 상황이므로 초대받지 않은 운반책인 셈이다.

식중독을 일으키는 미생물이란 뭘까?

세균과 바이러스가 소화관이나 장내, 식품에서 증식하여 중독을 일으킨다

여름철에는 음식이 쉽게 부패하여 식중독이 발생할 확률이 높다. 식중독은 왜 일어날까?

원인은 세균, 바이러스, 자연 독, 화학물질, 기생충 등 다양하다. 세균에 의한 식중독은 앞에서 설명한 장관 출혈성 대장균 외에도 많은 식중독균이 있다. 일본 후생노동성의 2019년 식중독 통계에 따르면 발생 건수가 가장 많은 것은 아니사키스(Anisakis, 기생충), 캄필로박터(Campylobacter), 노월바이러스(Norwalk virus, 속명 노로바이러스), 웰치균 순이고, 장 출혈성 대장균 환자 발생 건수는 노월바이러스, 캄필로박터, 웰치균, 장 출혈성 대장균, 살모넬라균 등의 순으로 많다.

세균성 식중독에는 주로 세 가지 유형이 있다.

첫 번째는 세균 스스로 소화관 내에 들어가 장 등의 소화관 벽에 침입하여 소화관 표면의 세포를 공격함에 따라 복통이나 설사 등이 발생하는 감염형이다. 캄필로박터와 살모넬라, 장염 비브리오 등에 의한 식중독이 이에 해당한다. 캄필로박터와 살모넬라균은 장내 상피에 침입한다. 장염 비브리오는 장내에서 용혈독(溶血毒)이라는 독소를 만들어 창자 세포를 공격한다.

두 번째는 세균이 식품 안에서 증식하면서 동시에 독소를 생산하고, 이 독소 때문에 식중독을 일으키는 독소형이다. 황색포도상구균이나 보툴리누스균이 이에 해당하며 각각 식품에서 증식한다. 황색포도상구균은 엔테로톡신, 보툴리누스균은 보툴리눔 독소를 만든다. 이러한 독소가 장에 작용하여 식중독을 일으킨다.

세 번째는 중간형으로, 장내에 침입한 후 증식하여 아포라는 내열성 포자

를 만드는 동시에 독소를 생산하여 식중독을 일으키는 것이다. 웰치균과 바실러스 세레우스균 등이 해당한다.

하지만 어떤 경우든 식품에 식중독균이 가능한 한 침입하지 않도록 예방할 수 있다(89페이지의 표 '음식에 나쁜 미생물이 달라붙으면 어떻게 될까?' 참조).

캄필로박터

장관 출혈성 대장균

노웝바이러스(노로바이러스)

웰치균의 그램 염색 이미지

살모넬라 속

미생물은 아니지만 식중독을 일으키는 원인 상위에 해당하는 아니사키스 유충

아니사키스는 바닷속에서 부화한 후 크릴새우 등 갑각류에 기생한다. 유충으로 성장하면 이번에는 갑각류를 먹은 고등어나 연어와 오징어 따위에 기생한다. 이것을 중간 숙주로 해서 더욱 더 성장하는데, 이번에는 중간 숙주가 최종 숙주인 돌고래와 고래에게 먹혀 버린다. 아니사키스 성충은 그런 고래 등의 장 속에 머물러 알을 낳고, 알은 똥과 함께 바다로 나온다. 부화해서 또 다시 갑각류에 기생하는 과정을 반복한다.

하지만 사람이 아니사키스가 기생한 생선을 날것으로 먹으면 아니사키스는 산 채로 먹게 된다. 그중에는 소화관 벽을 관통하는 건강한 놈도 있다. 그렇게 되면 천공성 복막염 및 기생충성 육아종에 걸려 구토와 심한 복통으로 고통받는다. 기생한 장소에 따라서 위 아니사키스증, 장 아니사키스증, 장관 외 아니사키스증으로 분류되며, 특효약이 없기 때문에 주의해야 한다.

43 식중독을 일으키는 바이러스란 뭘까?

구토 설사 증세는 노로바이러스와 로타바이러스가 원인이다

앞 항에서 식중독을 일으키는 세균에 대해 이야기했지만, 바이러스에 의한 식중독도 잘 알려져 있다. 바이러스에 의한 식중독으로는 노웍바이러스(일명 노로바이러스)가 가장 유명하다.

세균성 식중독은 여름철이 다가와 기온이 높아지면 세균이 식품 안에서 증식하기 쉬워진다. 노웍바이러스에 의한 식중독은 가을부터 겨울에 걸쳐 일어나는 경우가 많아 세균성 식중독과는 유행하는 시기가 조금 다르다.

노웍바이러스는 현재까지의 분석에서는 1속 1종 노로바이러스 속의 바이러스이다. 노웍바이러스도 코로나바이러스와 마찬가지로 RNA 바이러스이지만, 코로나바이러스처럼 엔벨로프(막 모양의 외피)를 갖고 있지 않다. 직경 30~38nm(나노미터)의 정이십면체를 하고 있다. 식중독이 일어나는 것은 경구감염에 의해 소장까지 이동한 후, 소장 장벽의 세포에 감염되어 증식하기 때문이다. 세포를 파열시켜 증식한 바이러스는 다시 장관 안으로 방출되고, 방출된 바이러스는 다시 세포에 감염된다. 그러면 소장의 장벽 세포가 탈락하여 구토, 설사, 발열, 오한 등의 증상을 일으킨다.

이전에는 굴 등의 조개류가 생물농축을 하고 그것을 섭취하면 감염된다고 여겼지만, 지금은 대변이나 구토물을 통해 변기, 문 손잡이 등을 만진 사람에게서 다른 사람에게 감염되는 예가 증가하고 있다.

노웍바이러스는 벽이나 문 등의 표면에서 몇 주간 생존할 수 있고 엔벨로프가 없기 때문에 에탄올과 비누로 손을 씻어도 바이러스가 불활성화되지 않는다.

식중독을 일으키는 바이러스에는 로타바이러스도 있다. 로타바이러스는

감염력이 강하고 영유아가 쉽게 감염되는데, 감염될 때마다 면역이 유도되기 때문에 성인이 되면 거의 발병하지 않는다. 취학 전 아동에게서 발병하는 급성 위장염의 절반 정도는 로타바이러스가 원인이다.

구토설사증이라 불리는 바이러스성 위장염의 원인은 대부분은 노로바이러스와 로타바이러스에 의한 것이다.

오염된 음식물이나 손가락을
입에 넣으면 **위험해!**

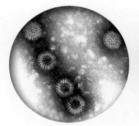

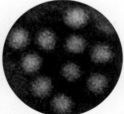

로타바이러스   노웍바이러스(노로바이러스)   정이십면체 모양의
                                                    노웍바이러스

노웍바이러스는 1968년 미국 오하이오주 노웍 지역의 초등학교에서 집단 식중독이 발생한 것에서 붙은 이름이다. 초등학교에서 발병한 아이들의 대변에서 바이러스가 검출됐다. 그래서 그 바이러스에 노웍이라는 마을 이름을 붙인 것이다. 하지만 2002년에야 국제 바이러스 분류위원회(ICTV)가 노로바이러스 속으로 분류하기로 했다.
노로바이러스와 로타바이러스 모두 겨울철에서 봄철까지 유행하는 급성 위장염인데, 노로바이러스는 11월경부터 감염자가 증가해서 12월부터 1월경에 절정을 이루며, 로타바이러스는 1월경부터 감염자가 증가해서 3월에서 5월경에 크게 유행한다.

44 가장 강력한 식중독균은 뭘까?

산소가 없는 곳에서도 증가하는 가장 강력한 보툴리누스균

가장 무서운 식중독균은 역시 보툴리누스균(Clostridium botulinum)이다. 보툴리누스균은 인간과 달리 산소가 없는 곳에서 살 수 있다. 그래서 공기가 차단된 무산소 환경에서도 증식할 수 있다.

예를 들어, 캔 통조림이나 소시지 등과 같은 가공식품에서 눈치채지 못하는 사이에 번식한다. 보툴리누스균은 보툴리누스라는 자연계에서 가장 강력한 독소를 만든다. 이 독소는 신경 전달을 방해하는 신경 독이다. 치사량은 불과 1μg(마이크로그램. 1g의 10만분의 1) 이하로 알려져 있고, 30ng(나노그램, 1g의 1억분의 1)의 양에도 중독되거나 사망을 초래할 수도 있다. 이 정도로 독성이 강력하기 때문에 생물 무기로서 보툴리누스 독소를 테러에 사용하려고 시도한 집단도 있었다.

설상가상으로 보툴리누스균은 포자를 만든다. 포자는 내열성을 지니고 있어 100℃에서 6시간 끓이지 않으면 사멸하지 않는다. 따라서 완전히 가열하지 않은 재료에 보툴리누스균의 포자가 포함된 채 통조림이나 병조림 등의 식료품을 가공하면 포자에서 보툴리누스균이 번식하여 독소를 만들면서 증식할 것이다.

보툴리누스균을 영유아가 섭취하면 성인에 비해 장내 세균이 충분히 발달되어 있지 않기 때문에 영아 보툴리누스증에 걸릴 수 있다. 그래서 보툴리누스균이 장 속에 들어가면 장내 세균의 공격을 받지 않고 장내에서 증식하여 독소를 생산하기도 한다. 그러면 전신 근력이 저하하는 증상이 발생하는데, 즉시 적절한 치료를 받지 않으면 사망에 이를 수도 있다.

가열 처리되지 않은 꿀 등의 식품이 원인이라는 보고도 있다. 따라서 1세 미만의 영유아는 꿀 섭취를 자제해야 한다.

보툴리누스균에 오염된 식품을 구별하기는 어렵지만 용기 등에서 보툴리누스균이 증식하면 용기가 팽창하거나 열면 냄새가 난다. 제조업체에서는 120℃에서 4분간 가열(100℃ 6시간 가열에 해당)하는 방법으로 안전에 세심한 주의를 기울이고 있지만, 걱정스러운 것은 집에서 만든 음식이다. 일본 국립감염증연구소의 데이터를 참고로 하면, 보툴리누스 식중독은 1984~2017년까지 감염 건수는 29건에, 환자는 104명으로 집계되었다. 이즈시(飯寿司, 식초에 아주 푹 절여 만드는 고전적인 스시-역자 주)에 의한 감염 비율이 높은 듯하다.
영유아에게도 영아 보툴리누스증이 확인되었는데, 1986~2017년까지 37건 발생하였다. 그중 꿀이 감염원으로 확정된 것은 1989년까지 7건이었다. 일본 후생노동성은 1987년에 1세 미만의 영유아에게 꿀을 먹이지 말라고 권고하는 지침을 내렸다.

보툴리누스균

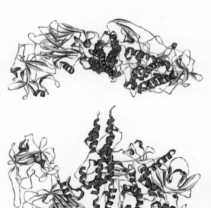

보툴리눔 독소(독소)

보툴리누스균이 잠복해 있을지 모르는 식품

수제 통조림이나 병조림,
수제 소시지, 이즈시 등

가장 강력한 식중독균은 뭘까?

45 성관계로 감염되는 질병은 뭘까?

사람과 사람 사이의 성관계에 의해 감염되는 질병은 얼마든지 있다. 과거에는 성병이라고 했지만 지금은 성감염증이라고 부른다. 매독, 임질, 성기 클라미디아 감염증, 성기 헤르페스 감염증, HIV 감염증 등이 있다.

트레포네마 팔리덤(*Treponema pallidum subsp. pallidum*)이라는 나선형 균이 매독의 원인균이다. 아직까지 인공 배지에서 배양하지 못하고 토끼의 고환에서 배양된다. 증상이 있다가도 어느새 나은 것처럼 보이기 때문에 치료가 지연될 수 있다. 제대로 치료하지 않으면 중추신경계에 감염되어 신경 매독으로 진행하고 죽음에 이르는 경우도 있다.

임질은 임균(*Neisseria gonorrhoeae*)이 점막에 감염되어 발병한다. 남성은 요도에 감염되어 고름이 나오거나 소변을 볼 때 심한 통증에 시달린다. 여성의 경우는 증상을 알아차리기 어렵고, 요도에서 고름이 나오기도 한다.

클라미디아는 클라미디아 트라코마티스(*Chlamydia trachomatis*)가 원인균으로, 남성의 경우 요도염에 많이 걸리며 가려움과 통증을 느끼지만 임질만큼 심하지는 않다. 여성은 증상이 나타나지 않아 알아차리지 못할 수 있다.

성기 헤르페스 감염증은 헤르페스 바이러스에 감염되어 생식기와 그 주변에 물집과 수포가 생기고 가렵다. 악화되면 전신의 권태감과 림프절의 부종, 통증이 생긴다. 한번 헤르페스 바이러스에 감염되면 바이러스를 사멸시키는 것은 거의 불가능해서 재발 가능성이 있는 만만찮은 성병이다.

HIV 감염은 HIV(인간 면역 결핍 바이러스)에 의해 일어나는 질병이다. 이 바이러스는 사람의 면역 세포인 헬퍼 T세포에 의해 감염된다. 감염만으로는

증상이 나타나지 않아 자각 증상이 없는 것이 특징이다. 감염 후 체내에 잠복해 있다가 수년에서 수십 년 후 HIV에 의해 면역력이 저하하면 기회감염으로 결국 에이즈 증상을 드러낸다. HIV 감염은 성관계뿐만 아니라 모자 감염이나 혈액 감염으로도 발병하는 고약한 질병이다.

이 밖에도 HTLV-1 등 백혈병을 일으키는 바이러스에 감염되는 사례도 있다. 어떤 경우든 조기 발견과 올바른 치료가 중요한 것은 두말할 것도 없다.

성관계로 감염되는 질병은 뭘까?

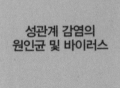

성관계 감염의 원인균 및 바이러스

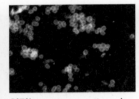

임질(Neisseria gonorrhoeae)
남성이 임균성 요도염에 걸리면 요도에 강한 통증을 느끼고 고름이 나온다. 클라미디아와 동시에 감염되는 예가 많다. 여성의 경우는 자궁경관염, 인두염, 눈의 결막도 손상된다. 항생제 근육 주사로 치료한다.

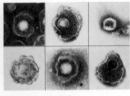

헤르페스 바이러스
단순 헤르페스(포진) 감염은 생식기, 피부, 입과 입술(구순포진), 눈 등에 통증이 있는 작은 수포가 반복해서 생긴다. 한 번 걸리면 휴면 상태에 들어가지만, 다시 발병한다. 완치약은 없는 듯하다.

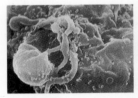

HIV 바이러스
(인간 면역 결핍 바이러스)
치료를 하지 않으면 감염자의 절반이 10년 이내에 에이즈(후천성 면역 결핍 증후군)에 걸린다. 완전히 낫는 것은 무리이지만, 항 레트로 바이러스 약물의 조합으로 증식을 방지하고 면역력을 강화하고 감염에 대항한다.

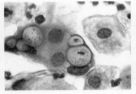

클라미디아
(Chlamydia trachomatis)
요도나 자궁 경부, 직장(直腸)과 눈, 목에도 감염된다. 남성은 배뇨 시 통증이나 빈뇨, 여성은 치료하지 않으면 불임이나 유산, 자궁외임신 위험이 높아질 수 있다. 항생제 투여로 치료되는 감염증이다.

매독(Treponema pallidum)
매독은 2019년까지 감염자가 4년 연속 1,600명을 넘었다. 제1기, 제2기, 제3기로 진행하는데, 수십 년에 걸쳐 악화되고 죽음에 이를 수도 있다. 치료가 되는 병이므로 조기 진단과 항균제 치료가 필수이다.

46 세계 인구의 절반이 감염된 헬리코박터균의 정체는?

위생 환경 수준을 나타내는 선진국과 개발도상국의 파일로리균 감염자 수

파일로리균은 사람의 위에 존재하는 세균이다. 이 세균으로 인해 만성 위염, 위궤양, 위암 등이 일어나는 것으로 알려져 있다. 파일로리균은 헬리코박터 파일로리(*Helicobacter pylori*)라는 세균이다. 위는 염산을 분비하여 위액을 강산성으로 유지하고 있다. 따라서 오랫동안 위에서 생육할 수 있는 세균은 존재하지 않는다고 생각했다. 그런데 1983년에 호주의 로빈 워런(J. Robin Warren)과 배리 마셜(Barry J. Marshall)에 의해 나선형 파일로리균이 발견되었다. 마셜은 파일로리균을 마시고 자신의 위에 위염이 일어나는지를 확인하고, 파일로리균이 위염의 원인균이라는 사실을 증명했다.

배리 마셜(Barry J. Marshall)
로빈 워런(J. Robin Warren)과 함께 헬리코박터 파일로리균을 발견하고 위염이나 위궤양의 원인균이라는 것을 알아냈다.

파일로리균은 어떻게 위에서 살아갈 수 있을까?

파일로리균은 위 점막에 붙어서 살며 주위에 있는 요소를 분해하는 우레아제(urease)라는 효소를 분비하여 이산화탄소와 암모니아로 분해한다. 이 암모니아로 주위의 pH를 상승시켜 생육할 수 있는 환경을 갖춘다. 우레아제 효소 이외에도 다양한 효소를 분비하여 점막을 분해해 간다. 분해된 점막은 산으로부터 위벽을 보호할 수 없게 된다. 이런 식으로 파일로리균이 생산하는 독소 등이 위 점막을 손상시켜 염증을 일으키며, 염증이 만성적으로 지속되면 위궤양이나 위암으로 진행한다.

파일로리균은 경구감염이다. 생수가 감염원이라고 하지만, 일본에서는 상하수도가 완비되어 생수를 마시고 감염되는 일은 없을 것이라 여겨진다.

감염원으로는 부모에게서 자식으로, 형제 사이 등 가정 내 감염, 집단 내

에서 접촉하는 보육시설이나 유치원의 원내 감염이 지적되고 있다. 실제로 면역력이 약한 유아기에는 위험성이 높다.

일본의 경우 현재의 감염률은 고령자가 70~80%, 젊은층은 2~3%로 조사되었는데, 위생 환경이 좋지 않던 제2차 세계대전 시기에 어린 시절을 보낸 고령자층의 감염률이 높은 것은 납득이 된다.

전 세계 인구의 약 50%가 파일로리균에 감염되어 있다고 한다. 국가별로 보면 감염자가 선진국에서는 적고 개발도상국에서 많은 것으로 보아 위생 환경의 수준 차이가 수치로 나타난 결과라고 볼 수 있다.

파일로리균 감염을 포함하여 대부분의 감염은 유아기에 시작된다. 위생 습관과 위생 환경이 개선됨에 따라 감소하는 추세이지만, 감염 및 위생 상태가 밀접하게 관련되어 있음을 분명히 보여준다.

111

세계 인구의 절반이 감염된 헬리코박터균의 정체는?

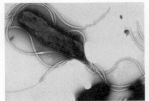

헬리코박터 파일로리

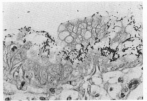

헬리코박터 파일로리에 감염된 위 점막 상피 조직도

사진 : 쓰쓰미 유카타(堤寬) 전 후지타보건위생대학 의학부 제1병리학 교수, 현 쓰쓰미병리상담소

파일로리균은 면역력이 낮은 유아기에 경구감염된다. 대부분은 수십 년 후에나 증상이 나타난다. 개발도상국 소아의 감염률은 70% 이상이고 선진국의 젊은층은 감염률이 낮다. 일본에서도 젊은층의 감염자는 20~30%이지만, 고령자의 경우는 유아기의 열악한 위생 환경 탓에 70~80%에 달한다. 감염자는 전 세계 인구의 50% 이상으로 추정되기 때문에 단일 감염으로는 최대이다.

헬리코박터 파일로리의 감염 과정

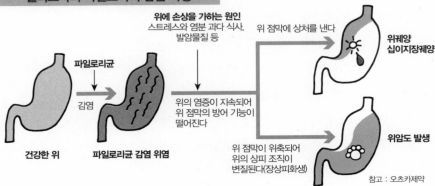

위에 손상을 가하는 원인
스트레스와 염분 과다 식사,
발암물질 등

위 점막에 상처를 낸다 → **위궤양 십이지장궤양**

파일로리균

감염

위의 염증이 지속되어 위 점막의 방어 기능이 떨어진다

위 점막이 위축되어 위의 상피 조직이 변질된다(장상피화생) → **위암도 발생**

건강한 위　　**파일로리균 감염 위염**

참고 : 오츠카제약

47 곰팡이가 원인으로 인해 발병하는 질병은 뭘까?

가장 무서운 곰팡이균, 콕시디오이데스가 생명을 빼앗는다

곰팡이가 원인으로 인해 발병하는 질병도 많다. 무좀도 그런 질병 중 하나인데, 무좀처럼 몸의 표면에서 발생하는 질병을 일으키는 균들은 피부사상균이라는 것이다. 이와 달리 몸속 깊숙이 감염되는 미생물도 있다. 대부분 신체의 면역 기능이 약해졌을 때 기회감염을 일으키는 세균이다. 대표적인 것은 아스페르길루스증, 털곰팡이증(mucormycosis) 등이다.

아스페르길루스증은 아스페르길루스(*Aspergillus*)의 포자를 흡입한 것에서 시작되어 폐 등에서 증식하여 폐 조직을 파괴한다. 더 진행하면 침습성 아스페르길루스증이라고 해서 폐 전체에 퍼지고 뇌, 심장, 간, 신장까지 진행하는 것도 있다. 주로 초기 감염에서 잘 발견되는 것은 아스페르길루스 푸미가투스(*Aspergillus fumigatus*)이다.

털곰팡이증은 리조푸스(*Rhizopus*), 리조무코르(*Rhizomucor*), 압시디아(*Absidia*), 무코르(*Mucor*) 등이 일으키는 곰팡이 질병의 하나이다. 포자를 흡입하면 코, 부비강(副鼻腔, 콧구멍이 인접해 있는 뼈 속 공간), 눈, 뇌 등에서 감염이 일어나 사망을 초래할 수 있다. 폐에 들어가면 폐 털곰팡이증을 일으키고 소화관에 들어가는 경우도 있다.

이 곰팡이는 어디에나 있고 포자는 평소에도 공중을 날아다니고 있지만, 건강한 사람은 이것이 원인으로 일어나는 감염증으로는 발전하지 않는다.

곰팡이가 원인으로 일어나는 가장 무서운 것으로 알려진 질환은 콕시디오이데스(*Coccidioides*)이다. 콕시디오이데스 이미티스(*Coccidioides immitis*)가 원인균이며 세계적으로는 아메리카 대륙의 건조한 지역에만 생육하고 있다.

이 곰팡이는 비가 온 후에 균사가 자라며 분절형의 포자가 바람을 타고 날아간다. 포자를 흡입하면 아주 작은 포자에도 감염되어 감기와 같은 증상이 나타난다. 감염이 진행되어 전신으로 퍼지면 절반의 사람들은 살지 못한다고 한다. 특히 균에 면역이 없는 사람은 주의해야 한다.

최근에는 해외에서 새로 반입되는 균이 증가하고 있어 특별히 경계하고 있다.

일본의 대표적인 진균증 곰팡이

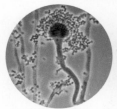

아스페르길루스
푸미가투스

거미의 집곰팡이
(Rhizopus)

세계에서 가장 공포스러운 진균증 곰팡이

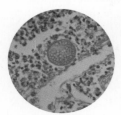

콕시디오이데스
이미티스
(Coccidioides immitis)

면역력이 떨어지면 상재균이 기회감염을 일으키는 아스페르길루스증에 걸릴 수 있다. 폐 아스페르길루스증, 침습성 폐 아스페르길루스증, 알레르기성 기관지 폐 아스페르길루스증, 표재성 아스페르길루스증이 있다.

털곰팡이증은 기회감염이지만, 리조푸스(Rhizopus)와 압시디아(Absidia) 등의 포자를 흡입하면 감염된다. 폐 털곰팡이증, 비대뇌 털곰팡이증은 무서운 질환으로, 고용량의 항진균제를 정맥에 넣어도 대다수가 죽는 심각한 질병이다.

가장 무서운 것은 콕시디오이데스증이다. 미국 캘리포니아주와 애리조나주 남서부, 중남미의 건조 지대에서 발생하는 사상균으로, 포자를 소량 흡입하기만 해도 발병한다. 감기 증상이나 홍반이 나타나고 수막염으로 발전할 수도 있으며, 항진균제로 치료해도 절반은 생명을 구하지 못하는 곰팡이 질환이다.

곰팡이가 원인으로 인해 발병하는 전염병은 뭘까?

48 어머니로부터 유아에게 이동하는 감염은 뭘까?

세 가지 유형의 모자감염

아기는 태아일 때 엄마 뱃속에서 보호받고 있다. 엄마가 가지고 있는 면역이 탯줄을 통해 아기의 몸으로 전해지고 태어난 후에도 엄마의 힘에 의해 보호받는다.

하지만 때로는 엄마로부터 아기에게 질병을 옮길 수 있다. 감염이 언제 일어나는지, 어떤 경로로 일어나는지에는 세 가지 유형이 있다.

첫 번째는 아기가 엄마의 뱃속에서 감염되는 태내감염, 두 번째는 아기가 태어날 때 산도를 통해 감염되는 산도감염, 세 번째가 모유를 통해 감염되는 모유감염이다.

톡소플라즈마, 매독, 풍진, 거대세포 바이러스(Cytomegalovirus, CMV), 단순 포진 바이러스가 태내감염의 대표적인 병원균이다.

이러한 병원균에 감염되면 선천성 이상이 생기거나 유산할 수 있다. 이외에도 B형·C형 간염, 인간 면역 결핍 바이러스(HIV, 에이즈), 인간 T세포 백혈병 바이러스(HTLV-1)가 엄마로부터 아기에게 감염되기도 한다.

산도감염은 산도에 감염원이 되는 미생물이 착상해 있거나 모체의 혈액에 바이러스가 존재하면 아기에게 옮을 수 있다. 임균이나 클라미디아 같은 성병균, HIV, B형 및 C형 간염 바이러스 등이 그것인데, 인간 T세포 백혈병 바이러스(HTLV-1), HIV, CMV 등은 엄마의 모유에 존재하므로 수유에 의해 감염될 수도 있다.

거대세포 바이러스(CMV)는 소변과 혈액, 침 등을 통해 전파된다. 감염된 임산부는 감기와 같은 증상을 나타낼 뿐이지만 아기는 선천적인 증상이 발병할 수 있다. 성인 여성의 약 30%가 항체를 가지지 않아(기감염 없음) 임신

중 감염이 우려된다.

임산부의 감염은 이미 출생한 아이 등을 통해 전파되는 경우가 많다. 따라서 어린 아이를 돌본 후에는 자주 손을 씻고 식기를 함께 사용하지 않는 등의 주의가 필요하다.

Q. 톡소플라즈마란?

길이 5~7㎛(마이크로미터), 폭 2~3㎛의 반원형이나 초승달 모양을 한 기생충으로 세계 인구의 3분의 1이 감염되는 것으로 알려져 있다. 최종 숙주가 고양이과이므로 보균묘인 집고양이에게서 임신 초기의 임신부가 감염되면 태아가 심각한 장애를 입을 우려가 있다.

톡소플라스마(기생원충)

Q. 풍진도 임신 중에 감염되면 위험할까?

임신 10주째까지 임신부가 처음으로 풍진에 걸리면 90%의 태아에 영향을 미친다. 선천성 풍진 증후군의 세 가지 주요 증상으로는 심기형, 난청, 백내장이 있다.

풍진 바이러스

Q. 단순 포진 바이러스는 어떤 병일까?

포진(헤르페스) 바이러스가 피부와 입술, 눈이나 생식기에 들어가서 물집이 생기는 질병으로 재발률도 꽤 높다. 거대세포 바이러스(CMV)도 포진 바이러스 감염증이며, 임신 중에 옮으면 유산이나 사산되며, 신생아여도 죽거나 심각한 증상이 나타난다.

단순 포진 바이러스   **거대세포 바이러스 (CMV)**

Q. 인간 T세포 백혈병 바이러스란?

HTLV-1이 백혈구의 T세포에 감염되는 혈액암이다. 모유 감염률이 17.7%에 달하는 모자감염이지만, 인공유(synthetic milk)라면 감염을 상당 부분 예방할 수 있다. 단, 발병 시기는 40세 전후에 HTLV-1 관련 척수 질환으로, 60대 후반에 성인 T세포 백혈병·림프종이 발병한다고 알려져 있다. 예방하는 것은 꽤 어려워 모자감염을 차단하는 것 외에 달리 방법이 없다.

인간 T세포 백혈병 바이러스(HTLV-1)

49 아이가 걸리기 쉬운 감염증이란 뭘까?

감염과 백신 접종으로 면역을 획득하는 아이들

아기는 탯줄을 통해 엄마로부터 감염에 대한 면역력을 충분히 받고 태어나기 때문에 감염에 대한 저항력이 있다. 하지만 저항력은 자라면서 차츰 감소하여 3~6개월에 가장 낮다. 따라서 이 무렵부터 각종 감염증에 걸리기 쉽다. 감기 바이러스만으로도 수백 종류나 되므로 계속해서 감염되는 것도 당연한 일이다.

아이들을 감염으로부터 보호하기 위해 다양한 백신이 개발되어 있다. 일본에서 국가 차원에서 시행하고 있는 백신 예방 접종으로는 B형 간염(B형 간염 바이러스), 히브 감염(b형 헤모필루스 인플루엔자), 소아마비(폴리오바이러스), 홍역(홍역 바이러스), 풍진(풍진 바이러스), 일본뇌염(일본뇌염 바이러스), 사람유두종 바이러스, 소아용 폐렴구균(연쇄상 폐렴구균), 디프테리아(독소형 디프테리아균), 백일해(백일해균), 파상풍(파상풍균), 결핵(결핵균) 등이 있다.

또한 임의 접종에는 로타바이러스, 유행성 이하선염(귀밑샘염 바이러스), 독감(인플루엔자 바이러스), A형 간염(A형 간염 바이러스), 수막염균(수막염균) 등의 백신이 있다.

백신이 개발되지는 않았지만, 아이들이 자주 감염되는 질환은 인두결막열(일명, 수영장결막염 또는 풀열. 아데노바이러스), 수족구병(콕사키바이러스, 엔테로바이러스), 돌발성 발진(인간 포진 바이러스 6형, 7형), 노웤바이러스(노로바이러스), 헤르판기나(콕사키바이러스 A군), 전염성 홍반(인간 파보바이러스 B19), RS 바이러스 감염증, 감기 등 이루 헤아릴 수 없을 정도로 많다.

어린이는 감염증에 걸리거나 백신을 접종함으로써 감염 원인에 대한 면

역을 획득하면서 저항력을 높여간다. 어릴 때 자주 감기에 걸린 사람은 오히려 성인이 되어 감기에 잘 안 걸릴지도 모른다.

18세기 제너가 백신을 발명하고 200년 후인 20세기, 인류는 다양한 백신을 개발했다.

백신이 개발되지 않은 감염증

인두결막열
(아데노바이러스)

노워바이러스
(노로바이러스)

RS 바이러스

돌발성 발진
(인간 헤르페스바이러스 6형 / 7형)

백신이 개발된 감염증

풍진(풍진 바이러스)

디프테리아
(독소형 디프테리아균)

사람유두종 바이러스
(사람유두종 바이러스)

소아마비
(폴리오바이러스)

히브 감염(b형 헤모
필루스 인플루엔자)

B형 간염
(B형 간염 바이러스)

파상풍
(파상풍균)

결핵균
(결핵균)

홍역
(홍역 바이러스)

A형 간염
(A형 간염 바이러스)

독감
(인플루엔자 바이러스)

유행성 이하선염
(귀밑샘염 바이러스)

볼거리
(멈프스바이러스)

로타바이러스

수막염균(수막염균)

아이가 걸리기 쉬운 감염증이란 뭘까?

50 개나 고양이 등 반려동물에서 옮는 질병은 뭘까?

반려동물을 매개로 걸리는 동물 유래 감염증

최근, 반려동물과 인간의 관계가 매우 가까워진 느낌이다. 반려동물을 사람과 동일하게 여기는 사람이 늘고 있지만, 반려동물이 사람에게 옮기는 감염증도 있다는 사실을 간과해서는 안 된다. 이러한 질병을 동물 유래 감염, 또는 인수 공통 감염병(zoonosis)이라고 한다.

병원성 세균(*Chlamydia pasittaci*)이 원인이 되어 독감 증상을 일으키는 앵무병(Parrot fever), 고양이의 피부병을 일으키는 곰팡이 견소포자균(*Microsporum canis*) 등이 사람에게 감염되어 피부 염증을 일으키는 피부 사상균증이 있다. 이외에 아피콤플렉사(Apicomplexa)류인 톡소플라즈마 원충(*Toxoplasma gondii*)이라는 포유류와 조류의 대부분을 감염시키는 기생원충이 일으키는 톡소플라스마증은 주로 고양이의 배설물을 통해 감염되며, 임신부가 감염되면 태아에게 옮아 사산이나 유산, 신경장애나 운동 장애를 일으킬 수 있다.

개회충(*Toxocara canis*) 고양이회충(*T.cati*)이 사람에게 감염되어 폐와 간, 눈 등에 장애를 일으키는 톡소카라증(*Toxocariasis*)은 개 또는 고양이에게 물리거나 상처를 핥을 때, 평소에는 증상을 나타내지 않는 입안의 상재균인 동물 파스퇴렐라증 병원균(*Pasteurellamultocida*)이 원인 물질로 변화하여 코에서 폐에 이르는 호흡기에 염증을 유발하는 파스퇴렐라증(*Pasteurellosis*) 등이 있다.

광견병의 경우 일본에서는 예방 접종이 성과를 거두고 1956년 이후 발생하지 않고 있지만 해외에서는 여전히 발생하고 있으며, 이는 광견병 바이러스가 원인이다. 감염되면 치료법이 없어 거의 100% 사망에 이르는 무서운 병이다.

광견병은 전 세계에서 매년 5만 명 이상의 사망자가 나오고 있는데, 2017년 WHO(세계보건기구)의 통계에 따르면 아시아 지역에서 3만 5,000명, 아프리카 지역에서 2만 1,000명 등 5만 9,000명이 광견병으로 사망했다. 일본에서도 네팔과 필리핀에서 감염되어 귀국한 사람이 사망하는 사례가 있었다.

광견병은 견(犬)이라는 이름으로 인해 개에게만 있는 질병일 거라고 오해하기 쉬운데, 여우, 박쥐, 몽구스, 너구리, 스컹크와 같은 야생동물도 균을 보유하고 있어 이러한 동물을 통해서도 옮는다.

인수 공통 감염증은 무서운 질병이다. 사람이 개나 고양이의 회충에 감염되면 개회충증에 걸린다. 광견병은 여러 동물이 보균하고 있으며, 백신은 있지만 치료약이 없기 때문에 물리면 위험하다.

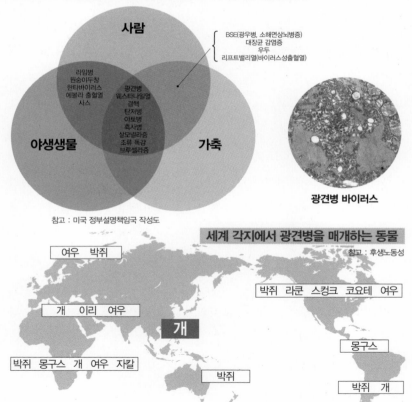

개나 고양이 등 반려동물에서 옮는 질병은 뭘까?

51 사람을 구한 항생물질은?

인류를 구제한 항생물질도 지금은 내성균이 문제가 되고 있다

사람은 다양한 세균에 감염되고 또 싸우며 살아왔다. 이 제는 상처를 입어도 그것이 원인으로 죽는 일은 거의 없다.

옛날에는 외과 수술을 해서 사람의 몸에 상처를 내면 그로 인해 세균 감염 과 패혈증을 일으키는 원인이 될 수도 있었다. 결핵, 콜레라 등의 세균 감염 도 불치병으로 인식되어 두려워했다. 이런 상황을 바꾼 것이 바로 항생물질 이다.

그럼, 항생물질이란 도대체 뭘까?

항생물질은 미생물이 생산하는, 다른 미생물의 생육을 저해하는 물질이 다. 현재는 원래 미생물이 만든 물질에 화학수식(Chemical modification)을 가 미한 것도 포함되어 있다.

세계 최초로 항생물질을 발견한 사람은 영국의 알렉산더 플레밍(Alexander Fleming)이다. 1928년 포도상구균을 배양하는 실험을 하는 사이에 배양한 샬레(Schale)[1]에 푸른곰팡이가 우연히 자랐는데, 그 주위에는 포도상구균이 자라지 않는다는 사실을 깨달았다. 플레밍은 푸른곰팡이가 항균물질을 만든 다고 생각하고 푸른곰팡이(penicillium) 속이라는 점에서 페니실린(Penicillin)[2], 이라고 명명했다. 페니실린은 제2차 세계대전에서 부상을 입은 많은 군인과 당시 영국 수상 처칠의 폐렴을 치료한 것으로 잘 알려져 있다. 페니실린은 전 세계적으로 감염증 치료에 이용되었고, 계속해서 새로운 항생제가 개발 되었다.

---

1   세균 배양 등에 쓰이는 뚜껑 달린 원형 유리 접시_역자 주

2   푸른곰팡이를 배양하여 얻은 항생 물질_역자 주

항생물질은 반코마이신(Vancomycin) 등 세균의 세포벽 합성을 저해하는 것, 리팜피신(Rifampicin) 등 핵산의 합성을 저해하는 것, 테트라사이클린(Tetracycline)과 같은 단백질의 합성을 저해하는 것 등이 있다.

최근에는 항생물질에 대한 내성을 가진 세균이 증가하여 문제가 되고 있다. 항생물질은 독감과 같은 바이러스성 감염에는 효과가 없지만, 그래도 투약하는 경우도 있다. 또 가축의 사료에 섞어 사용하기도 하는데, 이렇게 하면 내성균을 심어주게 된다.

내성을 가진 세균은 다른 종류의 세균에도 약제 내성 유전자를 옮겨줄 수 있는데, 이를 수평전달이라고 한다. 이로써 병원성 세균에도 약제 내성을 갖게 된다. 따라서 항생물질을 남용하지 않도록 충분히 주의를 기울여야 한다.

121

플레밍이 페니실린을 발견했고, 이를 활용 가능케 하여 감염증 치료를 극적으로 바꾼 사람은 하워드 플로리(Howard W. Florey)와 언스트 체인(Ernst B. Chain)이다. 세 사람은 공적을 인정받아 1945년 노벨 의학·생리학상을 수상했다.

언스트 B. 체인
(1906~1979년)
영국의 생화학자

하워드 W. 플로리
(1898~1968년)
영국의 생리학자

두 사람은 1941년 페니실린의 효능을 재발견하고 대량 생산을 가능케 했다.

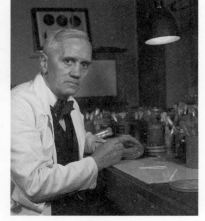

1928년 푸른곰팡이에서 페니실린을 발견한 영국의 세균학자 알렉산더 플레밍(1881~1955년)

임질에 페니실린이 효과가 있다고 알리는 제2차 세계대전 중의 광고

52 신약으로 기대되는 미생물이란 뭘까?

수백만의 미지의 미생물이 새로운 의약품으로 바뀐다

항생물질은 감염증 치료에 큰 효과를 발휘하고 있다. 이러한 의약품은 미생물의 탐색을 비롯하여 엄청난 시간과 비용을 들여 마침내 사용할 수 있게 된 것이다. 그런 이유로 최근 미생물이 만드는 화합물에서 약을 찾아내는 미생물 신약 개발은 쇠퇴하고 있다.

하지만 미생물은 다양한 물질을 만드는 것으로 밝혀졌다. 특히 최근에는 많은 미생물의 게놈 분석이 차례차례로 실현되면서 지금까지 알려지지 않은 화합물의 합성 경로가 존재하는 것으로 확인되고 있다. 그 가운데는 인공적으로 합성하기 어려운 화합물도 많이 포함되어 있다. 또 미생물의 근연종(近緣種)으로 구조가 유사한 화합물의 합성이 가능하다는 것이 경험적으로 지적되고 있다. 이러한 새로운 화합물의 탐색을 위해서는 다양한 미생물을 수집하는 것이 중요하다.

세계에는 아직 발견되지 않은 미생물이 수백만 종류나 존재하는 것으로 추정되고 있다. 그중에는 새로운 약물의 근원이 되는 화합물을 생성하는 미생물이 온전히 존재하고 있을 것으로 보인다.

지금까지 항생물질의 생산에 기여해온 방사균류에도 가능성이 엿보이며, 곰팡이나 버섯 등의 진균류도 더 복잡한 구조를 가지는 화합물을 생산할 수 있을 것으로 기대된다. 미지의 진균류를 찾아낼 수 있다면 새로운 화합물을 얻을 수 있는 가능성은 높아진다. 따라서 세계 여러 나라에서 미지의 미생물의 탐색에 열을 올리고 있다.

한편 게놈 해석으로 발견된 복잡한 화합물의 합성을 가능케 하는, 지금까지 알려지지 않은 기능을 가진 효소를 코딩하는 유전자가 있다. 평소에는 기

능하지 않는 경우가 많아 이 유전자를 활성화하여 새로운 화합물을 만드는 효소에 대해 탐색하고 유전자 변형 기술을 사용하여 효소의 기능을 한층 더 개량하는 등 새로운 화합물 생산을 목표로 연구가 진행되고 있다.

　많은 연구자의 노력으로 앞으로도 미생물에 기원을 둔 우리에게 유용한 의약품이 탄생할 것으로 기대된다.

미생물은 얼마나 깊은 지하에서 살 수 있을까? 해저 4,000m의 흙 속에서 미생물이 발견되었다고 하고, 11,000m의 심해에서도 살아 있는 미생물이 확인되었다고 하니, 왠지 기분이 설렌다.

53 재생 가능 자원에 도움되는 미생물이란 뭘까?

탄화수소 생성, 메탄 생산, 전기 발생… 꿈이 펼쳐지는 미생물

지속 가능한 사회를 구축하기 위해 신재생에너지의 개발이 전 세계적으로 활발하게 진행되고 있다. 재생 가능 에너지는 지구온난화에 관련된 온실가스를 배출하지 않고 생산할 수 있는 에너지를 말한다.

예를 들어 식물을 원료로 하고 미생물에 의해 발효하는 연료가 있다면 이 연료를 태워 엔진을 움직인다고 해도 발생하는 이산화탄소는 다시 식물이 광합성으로 흡수하여 원료를 재생할 수 있다. 그 결과, 이산화탄소가 증가하지 않기 때문에 재생이 가능한 것이다. 이전부터 미국과 브라질에서는 옥수수나 사탕수수 등을 원료로 알코올 발효를 하고, 이를 휘발유에 섞어 연료로 사용하고 있다.

식용 식물 원료로부터 연료를 생산하면 식량 자원과 충돌하기 때문에 현재는 식물을 구성하는 셀룰로오스계 바이오매스에서 알코올을 생산하는 기술이 개발되고 있다. 셀룰로오스는 포도당이 중합한 고분자이다.

버섯과 곰팡이가 생산하는 효소군으로 셀룰로오스를 분해하여 포도당으로 바꾸고 효모로 발효시켜 알코올을 제조한다.

또 석유와 마찬가지로 탄화수소를 만드는 미생물도 보고되고 있다. 최근에는 조류(藻類)가 주목받고 있는데, 세포 내에 탄화수소를 축적하고 있다는 것이 발견되었다. 광합성을 하는 조류를 사용하면 이산화탄소를 고정해서 탄화수소를 생산할 수 있기 때문에 큰 기대를 받고 있다.

이외에도 액체 연료가 아니라 메탄 생산 세균을 이용하여 음식물 쓰레기와 하수, 가축 분뇨 등을 처리하면서 메탄을 생산하는 기술이 유럽에서 실용화되어 연료로 사용되고 있다.

연료는 아니지만 플라스틱의 원료로서 유산균이 생산하는 젖산을 중합해서 만든 폴리젖산은 이미 실용화되어 비닐봉지에 사용되고 있다. 이것은 석유성 플라스틱 비닐봉지와 달리 재생 가능 자원으로 인정받아 비닐 봉투 유료화 대상이 아니다.

최근에는 직접 전기를 만드는 세균도 발견되고 있어 미래에는 미생물을 이용한 발전(發電)이 실현되는 것도 꿈이 아닐지도 모른다.

미생물을 이용하여 에너지를 만들어내는 바이오매스

바이오매스는 bio(생물 및 생물자원)와 mass(양)를 붙여 biomass라고 한다. 셀룰로오스계 바이오매스는 미생물로 셀룰로오스와 헤미셀룰로오스를 분해하여 에너지를 만든다.

바이오매스는 생활 속 가까이에 많이 있다. 농산 자원인 볏짚, 왕겨, 밀짚 등과 산림 자원의 잔재, 폐기물 등이 있고, 당질 자원인 사탕수수, 사탕무, 전분 자원인 쌀, 감자류, 옥수수 및 유지 자원인 유채 씨, 대두, 땅콩 등이 대표적이다.

생물 자원을 재생에너지로 바꾸고, 이렇게 만든 자연에너지는 이산화탄소의 배출을 억제할 수 있기 때문에 지구온난화 방지에도 기여한다.

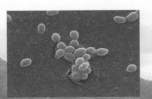

미생물은 무한한 가능성이 있다

옥수수와 사탕무, 진균인 버섯과 곰팡이로도 알코올을 만든다.

제4장

질병을 일으키는 미생물과 질병을 치료하는 미생물이란?

"세상에 필요한 것이 있으면 미생물에게 물어라"

모든 생물은 정교하게 치밀하게 제어된 생체의 기능을 활용하여 살고 있다. 우리 인간은 생물이 가지는 특별한 기능이나 특별한 물질을 활용하여 농업 · 식품 · 의학 · 약품 · 공학 · 환경 등 다양한 분야에서 이용하고 있다.

또한 유전자 치료, 동물과 식물의 유전자 변형, 세포 융합 등 다양한 기술을 이용하여 사람들의 삶의 질(QOL)을 향상시키는 노력을 하고 있다.

이 정도로 생명 공학 기술이 발전할 수 있었던 이유는 무엇일까?

예로부터 우리나라를 비롯한 많은 나라에서 발효 공업이 발달하였다. 이것은 미생물을 제어하여 사람의 생활에 필요한 다양한 물질을 생산하는 기술이다. 된장이나 간장, 술, 식초 등 발효 · 양조 식품을 즐겨 먹었고, 자연스럽게 미생물을 취급하는 특별한 전통이 있다. 그 결과 발효 공업은 발달을 거듭하였고 유기산, 아미노산, 항생물질, 효소 등이 생산되었다.

유전자 변형 이전의 발효 기술을 '올드 바이오'라고도 한다. 과거의 기술에 유전자 변형 기술과 세포 융합 기술, 생물 반응기(bioreactor), 동식물 세포의 대량 배양 기술이 가미되어 1980년경부터 바이오테크놀로지(생명공학)라는 단어가 종횡무진 활약하게 되었다. 미생물을 이용하려는 시도는 그 후에도 계속 이어져 의약품, 대체 에너지 생산, 바이오매스 이용 등 세상이 필요로 하는 분야에 반드시 미생물을 이용하고 있다.

미생물 연구자라면 누구나 "세상에 필요한 것이 있으면 미생물에게 물어라"라는 말을 가슴에 새기고 있다. 필요한 물질을 생산하는 미생물이 반드시 존재하고 있는데, 우리가 그것을 아직 발견하지 못했을 뿐이라는 가르침이다.

"(미생물에게) 물어보라, 그러면 답을 얻을 것이다"라는 얘기일 것이다.

미생물은 수백만 종류나 된다고 하는데, 우리가 알고 있는 것은 겨우 몇%에 불과하다. 또 변화 속도가 빨라 지금 이 순간에도 새로운 기능을 가진 미생물이 탄생하고 있을지도 모를 일이다. 이렇게 생각해 보면 "미생물에게 물어보세요"라는 말이 제대로 맞아떨어진다.

"미생물에게 물어라" 뉴 바이오 키워드

바이오테크놀로지(생명공학)는 생물학을 뜻하는 바이올로지와 기술을 뜻하는 테크놀로지가 합쳐진 말이다. 인류는 경험적으로 미생물에 의한 발효 기술을 연마해 왔고, 그 연장선상에서 교배를 이용하여 품종을 개량해 왔다. 이것이 '올드 바이오테크놀로지'이다. 본문에서 소개한 것처럼 여기에 유전자 변형 기술과 세포 융합 기술, 생체 촉매를 이용하는 생물 반응기, 동식물 세포의 대량 배양 기술이 가미된 것이 '뉴 바이오테크놀로지'이다. 여기에도 반드시 미생물이 있다.

인슐린 제조가 바뀌었다!

Old Bio technology

혈액 응고 제9인자

돼지 인슐린

New Bio technology

혈액 응고 제9인자 유전자

사람 인슐린 유전자

대장균

혈액 응고 제9인자

사람 인슐린

츠루가오카하치만구(鶴岡八幡宮)에 봉납된 주조회사의 술통

예로부터 전 세계적으로 술이나 된장, 간장, 식초 외에 낫토와 피클 등 발효와 양조 등이 성행했다. 인류는 경험을 통해 미생물을 취급하는 방법을 자연스레 터득했다. 이런 경험을 토대로 발효 공업은 끊임없이 발전해 왔다.

참고 : 생명공학의 안전성과 역사 / NBDC(생명과학 데이터베이스센터)

올드 바이오에서 뉴 바이오에 의한 제조로 변혁!

잠 못들 정도로 재미있는 이야기

미생물

2022. 8. 2. 초 판 1쇄 인쇄
2022. 8. 9. 초 판 1쇄 발행

지은이 | 야마가타 요헤이(山形洋平)
감 역 | 김헌수
옮긴이 | 황명희
펴낸이 | 이종춘
펴낸곳 | BM ㈜도서출판 성안당
주소 | 04032 서울시 마포구 양화로 127 첨단빌딩 3층(출판기획 R&D 센터)
10881 경기도 파주시 문발로 112 파주 출판 문화도시(제작 및 물류)
전화 | 02) 3142-0036
031) 950-6300
팩스 | 031) 955-0510
등록 | 1973. 2. 1. 제406-2005-000046호
출판사 홈페이지 | www.cyber.co.kr
ISBN | 978-89-315-5824-1 (03470)
978-89-315-8889-7 (세트)
정가 | 9,800원

이 책을 만든 사람들
책임 | 최옥현
진행 | 김해영
본문·표지 디자인 | 이대범
홍보 | 김계향, 이보람, 유미나, 이준영
국제부 | 이선민, 조혜란, 권수경
마케팅 | 구본철, 차정욱, 오영일, 나진호, 강호묵
마케팅 지원 | 장상범, 박지연
제작 | 김유석

"NEMURENAKUNARUHODO OMOSHIROI ZUKAI BISEIBUTSU NO HANASHI"
by Youhei Yamagata
Copyright ⓒ Youhei Yamagata 2020
All rights reserved.
First published in Japan by NIHONBUNGEISHA Co., Ltd., Tokyo
This Korean edition is published by arrangement with NIHONBUNGEISHA Co., Ltd., Tokyo
in care of Tuttle-Mori Agency, Inc., Tokyo through Duran Kim Agency, Seoul.

Korean translation copyright ⓒ 2022 by Sung An Dang, Inc.